高等职业教育装备制造类专业系列教材

机械基础

JIXIE JICHU

主　编　张　娟　施红英　王志慧
副主编　马明月　赵　磊
主　审　胡宗政

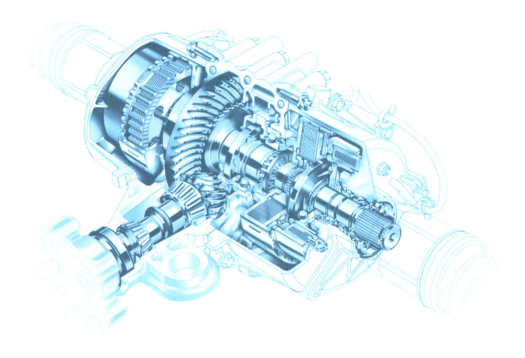

图书在版编目(CIP)数据

机械基础 / 张娟,施红英,王志慧主编. --西安:西安交通大学出版社,2024.8. -- ISBN 978-7-5693-3878-2

I. TH11

中国国家版本馆 CIP 数据核字第 20241VR150 号

书　　名	机械基础
主　　编	张　娟　施红英　王志慧
副 主 编	马明月　赵　磊
主　　审	胡宗政
策划编辑	杨　璠
责任编辑	杨　璠
责任校对	来　贤
出版发行	西安交通大学出版社 (西安市兴庆南路1号　邮政编码 710048)
网　　址	http://www.xjtupress.com
电　　话	(029)82668357　82667874(市场营销中心) (029)82668315(总编办)
传　　真	(029)82668280
印　　刷	陕西印科印务有限公司
开　　本	787 mm×1092 mm　1/16　印张 17.75　字数 395 千字
版次印次	2024 年 8 月第 1 版　2024 年 8 月第 1 次印刷
书　　号	ISBN 978-7-5693-3878-2
定　　价	48.80 元

如发现印装质量问题,请与本社市场营销中心联系。
订购热线:(029)82665248　(029)82667874
投稿热线:(029)82668502
读者信箱:phoe@qq.com

版权所有　侵权必究

前言

为落实党中央、国务院关于教材建设的决策部署和《"十四五"职业教育规划教材建设实施方案》要求，适应经济社会和产业升级新动态及"岗课赛证"、"立德树人"综合育人要求，及时吸收新技术、新工艺、新标准，提高职业教育教学质量，编者通过大量的企业调研和毕业生反馈，结合多年教学经验，共同编著了这本《机械基础》。

本书既可作为高职机械类及近机类专业教材，也可供有关工程技术人员参考。本书基于高等职业教育实际情况，具有以下几个特点：

（1）根据装备制造类专业岗位技能需求，对标"1+X"证书技能模块标准，改革传统教学模式，以工程中的典型设备作为项目载体，将任务点附着于载体不同部位，使抽象的任务具体化、形象化，激发学生学习兴趣；通过任务驱动（任务工单）、线上线下混合式教学、翻转课堂等方式，采用生态学教育理念，引导学生自主学习、协作学习和探究式学习。

（2）将思政教育有机融入专业教学，将职业能力、创新创业能力和终身学习能力的培养融入教学全过程，多角度挖掘思政元素，厚植学生职业素养、人文素养，实现立德树人根本目标。

（3）教学资源立体化，有效利用信息化手段将大量的图形、动画及例题讲解过程以二维码形式呈现给学生，降低了学习难度，提高了学生兴趣。

本书由兰州职业技术学院长期从事"机械基础"教学的专业教师共同完成。具体编写人员与分工如下：张娟编写知识链接1.1、项目二、项目三、知识链接4.1、项目五，计15.1万字，并负责全书统稿工作；施红英编写项目九、项目十，计10万字；王志慧编写项目六、项目七、项目八，计10万字；马明月编写知识链接1.2、知识链接1.3，计2.3万字；赵磊编写知识链接4.2，计2.1万字。

本书由兰州职业技术学院胡宗政教授担任主审，他对教材提出了许多宝贵意见。同时，本书在编写过程中得到了许多同行与专家的帮助，在此向他们表示衷心的感谢！

由于编者水平有限，书中难免有疏漏与不足，敬请广大读者批评指正！

编者
2024年5月

目 录

项目 1　机器、机构、机械 ··· 1

知识链接 1.1　认识机器 ·· 3
知识链接 1.2　认识机构 ·· 6
知识链接 1.3　认识机械 ·· 9

项目 2　平面连杆机构 ·· 20

知识链接 2.1　认识平面连杆机构的运动副 ······································· 22
知识链接 2.2　绘制平面连杆机构的运动简图 ···································· 25
知识链接 2.3　计算平面连杆机构的自由度 ······································· 27
知识链接 2.4　判断平面四杆机构的类型 ··· 35
知识链接 2.5　分析铰链四杆机构的基本特性 ···································· 45

项目 3　凸轮机构 ··· 59

知识链接 3.1　凸轮机构的应用及分类 ·· 60
知识链接 3.2　凸轮机构的运动规律 ·· 64
知识链接 3.3　常见盘形凸轮轮廓曲线的绘制 ···································· 68

项目 4　间歇运动机构 ·· 82

知识链接 4.1　棘轮机构 ··· 83
知识链接 4.2　槽轮机构 ··· 86

项目 5　带传动与链传动 ··· 98

知识链接 5.1　带传动 ·· 99
知识链接 5.2　链传动 ·· 110

项目 6　齿轮传动 ………………………………………………………………………… 132

知识链接 6.1　齿轮传动概述 ………………………………………………… 134
知识链接 6.2　渐开线直齿圆柱齿轮传动 …………………………………… 139
知识链接 6.3　斜齿圆柱齿轮传动 …………………………………………… 148
知识链接 6.4　直齿圆锥齿轮传动 …………………………………………… 152
知识链接 6.5　蜗杆传动 ……………………………………………………… 154
知识链接 6.6　渐开线齿轮的切齿原理与根切现象 ………………………… 160
知识链接 6.7　齿轮的结构、失效、材料及维护 …………………………… 163

项目 7　齿轮系 …………………………………………………………………………… 178

知识链接 7.1　定轴轮系 ……………………………………………………… 179
知识链接 7.2　周转轮系 ……………………………………………………… 183

项目 8　轴 ………………………………………………………………………………… 197

知识链接 8.1　轴的分类及材料 ……………………………………………… 198
知识链接 8.2　轴的结构及工艺 ……………………………………………… 201
知识链接 8.3　联轴器与离合器 ……………………………………………… 205

项目 9　轴承 ……………………………………………………………………………… 220

知识链接 9.1　滚动轴承的结构、特点及代号 ……………………………… 222
知识链接 9.2　滚动轴承的应用 ……………………………………………… 228
知识链接 9.3　滑动轴承的相关知识 ………………………………………… 231

项目 10　连接 …………………………………………………………………………… 243

知识链接 10.1　认识连接 …………………………………………………… 244
知识链接 10.2　认识螺纹 …………………………………………………… 245
知识链接 10.3　认识螺纹连接 ……………………………………………… 249
知识链接 10.4　认识螺旋传动机构 ………………………………………… 255
知识链接 10.5　认识键连接 ………………………………………………… 261
知识链接 10.6　认识销连接和不可拆连接 ………………………………… 265

项目 1　机器、机构、机械

项目目标

【知识目标】

1. 了解机械的发展历史；

2. 理解机械、机器、机构、构件及零件等概念；

3. 了解机器的组成与分类；

4. 了解机械与环境、安全防护。

【能力目标】

1. 能够理解机械、机器、机构、构件及零件的概念，并对它们加以区分；

2. 能够判断机器的类型，分析机器的组成，简单分析机器的工作过程。

【素质目标】

1. 增强责任感、使命感，树立技能成才的职业追求，将个人追求融入国家富强、民族振兴、人民幸福的伟大梦想之中；

2. 培养勇于奋斗、乐于奉献的职业精神；

3. 培养环境保护意识；

4. 培养机械生产安全意识。

项目描述

随着生产不断发展，现代机械已经渗透到社会的各个领域。人们的生活离不开机械，从小小的楔子和螺钉，到计算机控制的机械设备，机械在现代化建设中起着重要作用，服装、食品、建筑、交通、航海、矿业、石油开采、航天、医药、包装、传媒、化工、印刷等行业的效率都与机械产品的使用息息相关。

如图 1-1 所示，牛头刨床是工程机械中常见的金属切削加工机床之一，因其滑枕和刀架形似牛头而得名。刨刀装在滑枕的刀架上作纵向往复运动，用于加工中小尺寸的平面或直槽，多用于单件或小批量生产。它的主要特点有：①牛头刨床的工作台能左右回转角度，工作台具有横向和升降的快速移动机构，可以刨削倾斜的平面，从而扩大了使用范围。②刨床的进给系统采用凸轮机构，有 10 级进给量。

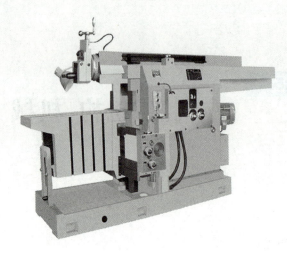

图 1-1 牛头刨床

牛头刨床是机械、机器，还是机构？机械、机器、机构之间是什么关系？你在日常生活中见过的机械都有哪些？

项目分析

牛头刨床作为机器，要实现设计的功能，完成预定的运动和动作，就需要通过相应的机构来实现。牛头刨床中含有平面运动机构、凸轮机构、间歇运动机构（棘轮机构、槽轮机构），以及一些传动装置，如带传动、齿轮传动等。因此，掌握各种机构的组成和运动特点，熟悉这些机构与传动装置在牛头刨床中的工作原理及应用，对于深入了解机器、合理使用机器及设计和改进机器都有着非常重要的意义。

牛头刨床工作过程

本项目以牛头刨床为载体，对机械、机器及机构进行初步认识，为学习后续有关知识、解决工程问题打基础。为达成本项目学习目标，需要完成以下学习任务：

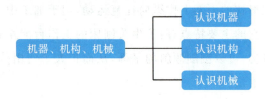

项目1　机器、机构、机械

知识链接 1.1　认识机器

什么是机器？生活中有哪些机器？

一、机器的概念

机器是指由若干装配单元组成的可以执行机械运动的装置。它用来完成设计者所赋予的功能，如变换或传递能量、变换与传递运动和力，以及传递物料与信息，从而减轻或代替人们的体力和脑力劳动，如图1-2所示。

(a) 汽车

(b) 自行车

(c) 数控机车

(d) 挖掘机

图1-2　常见机器

二、机器的组成

机器按照功能划分,由动力部分(原动机)、执行部分(执行机构)、传动部分(传动装置)和控制部分(控制系统)四部分组成,如图1-3所示。

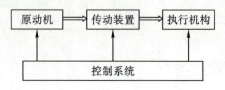

图1-3 机器的组成

(1)动力部分把其他形式的能量转换为机械能,以驱动机器各部件运动。动力部分是整个机器的动力源,如牛头刨床的电机、汽车的发动机、洗衣机的电机等。

(2)执行部分完成机器的预定工作任务,处于整个传动装置的终端。如牛头刨床的滑枕、刀架,汽车的车轮,洗衣机的波轮等。

(3)传动部分将动力部分输出的运动和动力传递给执行部分。比如在汽车中,传动部分指的是从发动机到车轮之间所有起到传动作用的部分;又如牛头刨床的曲柄连杆机构、导杆机构、齿轮机构、凸轮机构、带传动机构、棘轮机构及螺旋传动机构等。

(4)控制部分控制机器中的动力部分、执行部分和传动部分,使其协同工作,以完成预定动作或实现预定的功能。如牛头刨床的离合手柄、变速控制手柄等,汽车中的方向盘、中控部分及变速箱等。

除以上部分之外的基础件、支承构件等称为支承与辅助部分,用来安装和支承其他组成部分。

三、机器的类型

根据用途的不同,机器可分为动力机器、加工机器、运输机器和信息机器等类型,如表1-1所示。

表1-1 机器的类型、用途及应用示例

类型	用途	应用示例	
动力机器	实现其他能量与机械能之间的转换	电动机	内燃机
加工机器	用来改变加工对象的尺寸、形状、性质和状态	车床	钻床

项目1 机器、机构、机械 5

续表

类型	用途	应用示例	
运输机器	用来运输人员或物品	客车	叉车
信息机器	用来获取、变换和传递信息	传真机	手机

任务训练

分析说明图1-4所示波轮洗衣机的动力部分、传动部分、执行部分和控制部分。

图1-4 波轮洗衣机

组成	部件
动力部分	
传动部分	
执行部分	
控制部分	

知识链接 1.2 认识机构

什么是机构？机构和机器有何不同？

一、机构的概念

机构是指具有确定的相对运动的某些实物的组合,它主要用来传递运动和动力,并实现运动形式的转换。常用的机构有连杆机构、带传动机构、链传动机构、齿轮传动机构和凸轮机构等。

如图 1-5 所示为汽车内燃机。其中活塞 2、连杆 5 和曲柄 6 组成了曲柄连杆机构,将活塞的上下往复直线移动转换成曲柄的整周旋转运动;凸轮 7、顶杆 8 和机架组成了凸轮机构,将凸轮的整周旋转运动转换成顶杆的上下往复直线移动。

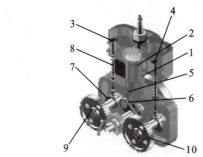

1—气缸体；2—活塞；3—进气阀；4—排气阀；5—连杆；
6—曲柄；7—凸轮；8—顶杆；9,10—齿轮。

内燃机

图 1-5 汽车内燃机

牛头刨床是机器还是机构？为什么？

二、机器与机构的区别

在日常生活和生产活动中有许多机器,如洗衣机、电动机、拖拉机、汽车发动机等。尽管机器种类繁多,构造、性能和用途各异,但它们之间却存在着一些共同的特征：

(1)任何机器都是人为的实物组合体；

(2)组成机器的各部分(实物)之间,具有确定的相对运动；

(3)所有机器都能做有效的机械功或可进行能量的转换。

机器的概念：机器是人为的实物组合体，它的各部分之间具有确定的相对运动，并能做有效的机械功或进行能量的转换，代替或减轻人类劳动。

机构是具有确定的相对运动的实物的组合，它的主要功用在于传递运动或转换运动形式，但它不能做机械功，也不能进行能量转换。

由此可见，机构只具备了机器的前两个特征。机构不能做机械功和进行能量转换，其主要功用在于传递运动或转换运动形式；而机器的主要功用则在于为了某一生产目的而被人们利用来进行能量转换，以减轻或代替人的劳动。

如图1-5中的活塞2、连杆5、曲柄6及机架相互组合，将活塞的往复移动转换为曲柄的整周转动，这个组合称为活塞连杆机构。而整个内燃机能将燃料的化学能转换成机械能，给车辆提供动力，因此为机器。

表1-2所示为机器和机构的区别。

表1-2 机器和机构的区别

名称	特征	功用
机器	(1)人为的实物组合体； (2)各运动实物之间具有确定的相对运动； (3)在生产过程中，它们能代替或减轻人们的劳动，做有用的机械功或将其他形式的能量转换为机械能	利用机械能做功或实现能量转换
机构	(1)人为的实物组合体； (2)各运动实物之间具有确定的相对运动	传递或转换运动，或者实现某种特定的运动形式

三、牛头刨床中的机构分析

牛头刨床具有机器的三个特征，将电能转换为电机输出轴的旋转机械能输出给传动部分，通过传动部分提供给执行部分，执行部分代替人们进行工作，因此它属于机器。牛头刨床中含有多种常见机构，如曲柄连杆机构、导杆机构、带传动机构、齿轮机构、凸轮机构、棘轮机构及螺旋传动机构等。

牛头刨床工作过程

四、构件与零件

1. 构件

构件是机构或机器的基本运动单元。构件可以是一个整体，也可以是由更小的单元装配而成的组合，当这个组合作为一个整体而运动时，我们把它称为一个构件。

2. 零件

所谓零件,是指机器及各种设备的基本组成单元。零件是机器中最小的制造单元,如内燃机中的连杆就是由连杆体、连杆盖、轴套、轴瓦、螺栓和螺母等零件刚性连接在一起的,如图1-6所示,这些刚性连接在一起的零件之间不能产生任何相对运动。这一刚性连接体就是一个构件,是一个独立的运动单元。

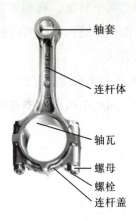

图1-6 内燃机连杆的组成

按照适用范围的不同,零件分为通用零件和专用零件。通用零件是指在各种机械中广泛使用的零件,如螺栓、螺母、轴承和齿轮等;专用零件是指仅在某一类机械中使用的零件,如内燃机的曲轴、卷扬机的吊钩和液压马达的叶片等。

任务训练

分析说明图1-7所示的自行车是机器还是机构。

图1-7 自行车

知识链接 1.3　认识机械

前面学习了机器和机构的概念。那么什么是机械？机械和机器、机构是什么关系？

一、机械的概念

机械是机器与机构的总称，是人类在长期的生产实践中创造并不断改进，用来减轻劳动强度、降低工作难度或提高生产效率的工具或装置。机械是人类社会生产力发展的重要标志，是人类文明的产物。

图 1-8 所示为零件、构件、机构、机器、机械之间的关系。

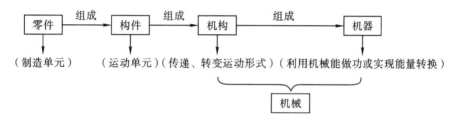

图 1-8　零件、构件、机构、机器、机械之间的关系

二、机械的发展史

机械与我们的生活息息相关，遍布生活中的各个方面。人类最初的机械，尽管不像现在的机械这么复杂（在现代人看来，这些机械可能已经变得很落伍），但是它们对人类发展所做出的贡献却是不可磨灭的。我们要永远记住发明制造那些机械的先驱们，是他们带给人类发展的动力和生机。在人类历史的长河中，伟大的发明和创造带给了人类一次又一次的跨越。

3000 年前，我国就出现了简单的纺织机。2000 年前，人们开始把绳轮、凸轮等用于生产作业器具。秦汉时期，人们发明了水转翻车和手摇纺车等，如图 1-9 和图 1-10 所示。

宋元时期，人们发明了水转大纺车和三锭棉纺车，如图 1-11 和图 1-12 所示。

18 世纪，蒸汽机（见图 1-13）的发明推动了人类的第一次工业革命。19 世纪末 20 世纪初，在第二次工业革命的浪潮中，世界上第一辆汽车（见图 1-14）和第一架飞机相继问世。

图1-9 水转翻车

图1-10 手摇纺车

图1-11 水转大纺车

图1-12 三锭棉纺车

图1-13 瓦特发明的蒸汽机

图1-14 世界上第一辆汽车

20世纪中期,第三次工业革命逐步兴起,出现如火箭、航天飞机、航空母舰、仿生机器人等。图1-15所示为我国自主研制的"长征"系列运载火箭;图1-16所示为我国自行设计、自主研制的"蛟龙"号深海载人潜水器。

图1-15 "长征"系列运载火箭

图1-16 "蛟龙"号深海载人潜水器

中国航天大总师孙家栋

党的十八大以来,中国企业通过砥砺奋进、攻坚克难,自主创新能力不断增强,促进航天事业持续快速发展,使我国向航天强国奋勇迈进。中国航天事业取得令世人瞩目的成绩背后,是几代航天人的辛勤付出,他们的功勋会被永远铭记。他们中的一个代表性人物,就是曾担任中国航天科技集团有限公司高级技术顾问的孙家栋院士。作为我国人造卫星技术和深空探测技术的开创者之一,孙家栋被大家称为中国航天的"大总师",从"东方红一号"到"嫦娥一号",从"风云气象卫星"到"北斗导航卫星",背后都有他主持负责的身影。他曾获得过"两弹一星"功勋奖章、国家最高科学技术奖和"全国优秀共产党员""改革先锋"等称号。在新中国成立70周年之际,更是被授予"共和国勋章"。

孙家栋曾7年学飞机、9年造导弹、50多年发射卫星,当面对一次次重大的人生选择时,他始终坚持国家利益高于一切。"爱国对于我们航天人,就表现在爱航天,爱航天就是要把航天的事业办成。把你自己的事情做好,为国家增添力量,为国家做出贡献。"孙家栋说。1970年4月24日,我国自行设计、制造的第一颗人造地球卫星"东方红一号",由"长征一号"运载火箭一次发射成功。中国成为第五个成功发射人造卫星的国家。在那个物资匮乏的年代,孙家栋等老一辈航天人向世界证明了,中国有能力搞好航天事业。

自担任中国第一颗人造地球卫星总体设计负责人开始,孙家栋又先后担任了中国第一颗遥感探测卫星、第一颗返回式卫星的技术负责人、总设计师,他还是中国通信卫星、气象卫星、地球资源探测卫星、北斗导航卫星等第二代应用卫星的工程总设计师。

进入新世纪以来,随着国际探月热潮的兴起,我国也于2004年启动了"嫦娥一号"探月工程。此时,已经75岁的孙家栋毅然接下了首任探月工程总设计师的重担。2007年11月7日,"嫦娥一号"成功实施第三次近月制动,顺利进入环月轨道。

2009年4月15日0时16分,孙家栋在西昌卫星发射中心参加指挥的北斗导航定位卫星发射任务又一次获得圆满成功。这是中国自主研制发射的第100个航天飞行器。

在这100个航天飞行器之中,由孙家栋担任技术负责人、总师或工程总师的就有34颗。

党的十八大明确提出,要坚持走中国特色自主创新道路、实施创新驱动发展战略。近年来,孙家栋特别强调要坚持自主创新:"在一穷二白的时候,我们没有专家可以依靠,没有技术可以借鉴,我们只能自力更生、自主创新。今天搞航天的年轻人更要有自主创新的理念,要掌握核心技术的话语权。"令孙家栋感到欣慰的是,近年来,我国企业在落实国家创新驱动战略方面积极行动,创新成果不断涌现,创新能力明显增强。

为共和国做出卓越贡献的,会被历史所永远铭记。在一次次成就面前,孙家栋也收获了无数的荣誉。2016年,孙家栋当选"感动中国2016年度人物",颁奖词为:"少年勤学,青年担纲,你是国家的栋梁。导弹、卫星、嫦娥、北斗,满天星斗璀璨,写下你的传奇。年过古稀未伏枥,犹向苍穹寄深情。"

三、机械与环境

在机械飞速发展之下,自然环境受到了严重的破坏。空气污染、水质污染、固体废弃物污染、海洋有机物污染、聚氯乙烯(PCB)污染、内燃机引起的铅污染,等等,严重危害着人类自身及其他生物的生存。

2015年,国务院发布了我国实施制造强国战略第一个十年的行动纲领——《中国制造2025》,其中明确提出了"创新驱动、质量为先、绿色发展、结构优化、人才为本"的基本方针,强调坚持把可持续发展作为建设制造强国的重要着力点,走生态文明的发展道路,同时把"绿色制造工程"列入九大战略任务、五个重大工程之中,部署全面推行绿色制造,努力构建高效、清洁、低碳、循环的绿色制造体系。那么机械对环境有什么影响呢?

1. 机械对环境的污染

工业化以来,机械工业得到了迅速发展,但同时也给环境带来了严重污染,这不仅严重影响我国社会经济的可持续发展,而且严重威胁广大人民群众的身体健康和生命安全。机械对环境的污染主要来自以下方面:

(1)机械产品要消耗大量的原材料,如钢铁、非铁金属材料、塑料、橡胶等,它们的生产会污染环境。

(2)机械产品在制造过程和使用过程会消耗大量的电力、汽油、煤油等能源,这些能源的生产和使用会污染环境。

(3)报废的机器、零部件,以及废弃的润滑油和切削液等,它们的处置过程会污染环境。

2. 减少机械对环境污染的措施

(1)机械设计阶段:采用高新技术材料和先进技术对产品进行优化设计,减少零件数量、减轻零件质量,使材料的利用率达到最高,可有效减少原材料的消耗,减轻对环境的污染。

(2)机械制造和使用阶段:淘汰落后产能,采用成形加工和快速制造技术,通过自动化生产装备提高生产效率和缩短工艺流程,在零部件制造过程中推进清洁生产等,可大大减少能源的消耗,减轻环境污染。

(3)机械报废处置阶段:对废旧机械采用再制造技术,如采用电刷镀、热喷涂、激光熔覆、自修复等技术对零部件进行修复,实现机械的再利用,可显著降低资源的消耗,减轻环境污染。

四、机械与安全

机械行业是国民经济的支柱性产业,是工业经济大盘的"压舱石",是拉动内需和推动内循环的重要引擎。2023年,机械行业主要经济指标实现稳定增长,为拉动制造业乃至全国工业平稳发展发挥了重要作用。但随之而来的机械安全事故也令人触目惊心。2023年,机械行业共发生生产安全事故310起、死亡294人,按照事故类型分析,机械伤害位居机械行业事故起数首位。

总体来看,机械行业存在造成群死群伤的重大安全风险,较大以上事故时有发生,一般事故总量较大,存量风险和增量风险交织叠加,危险有害因素复杂。

1. 机械行业安全风险

新工艺、新技术、新材料、新装备在机械行业的推广应用,在促进机械行业快速发展的同时,也带来了一些新的风险:

(1)新能源汽车和电动自行车制造业中锂电池搬运、储存、装配中意外跌落和碰撞,故障(报废)电池混放,通风不良,可能导致火灾和触电。

(2)机器人因安全控制回路、安全软件的缺陷等原因,可能会意外启动,导致周边人员伤亡。

(3)3D打印制造领域,采用铝、镁等金属粉尘作为基材原料,本身易燃,遇水反应会放出易燃气体(氢气)。在金属3D打印和过滤工序环节,未有效采用惰性气体保护方式,未及时、正确地清理和处置废弃粉料,容易造成粉尘爆炸事故。

(4)新的化学品种类带来的风险。如受到欧美环保政策的影响,出口海外汽车空调冷媒换作 HFO-1234yf,其密度大、闪点低,容易与空气形成混合性爆炸气体,现场充装的风险高,易发生火灾。

(5)空气净化、污水处理等环保设备在机械行业大量使用,给机械行业的安全生产工作带来新的挑战。

(6)大型集成制造系统的工业控制系统设计缺陷或制造不良,存在功能安全风险。

案例分析

案例一:2021年3月某日上午8时10分许,浙江某机械制造公司工人郑某某和工友许某到该公司八金工车间铣镗床岗位开始工件打孔作业,许某负责把工件的位置对好,具体操作由郑某某负责。开始作业时,许某在对好工件位置后,郑某某先对工件进行铣面加工,然后对工件进行打孔加工,其间郑某某站在防护罩上操作。9时许,许某在填写设备检验表时听到异响,转过头看到郑某某整个人被卷到机床主轴上。许某马上按了紧急启停开关,机床停止后,郑某某跌落到地上,全身扭曲,衣服卷入中轴,手、脚被撕裂,身上、头部有血渗出。9时14分,120赶到现场,宣布郑某某当场死亡。本次事故的主要原因是郑某某在操作机床时,不注意安全,忽视警告,违章操作,在机床主轴运转时站在防护罩上作业,导致被卷入机床主轴。

案例二:2001年5月某日,四川某木器厂木工李某用平板刨床加工木板,木板尺寸为300 mm×25 mm×3800 mm,李某进行推送,另有一人接拉木板。在快刨到木板端头时,遇到节疤,木板抖动,李某疏忽,因这台刨床的刨刀没有安全防护装置,李某右手脱离木板而直接按到了刨刀上,瞬间李某的四个手指被刨掉。

大量血的教训告诉我们,在工作过程中一定要具备一定的机械安全防护知识,以减少不必要的人员伤亡和财物损失。

2. 机械安全防护知识

(1)机械中常见的危险因素:

①机械的卷带和钩挂;

②机械的绞碾和挤压;

③机械的刺割和碰撞;

④机械的打击。

(2)机械的安全防护措施:

①密闭与隔离;

②安全联锁;

③紧急制动。

(3)作业中防止机械伤害的措施

①正确穿戴劳保防护用品;

②正确维护和使用安全防护设施;

③机械运转部件未停稳前,不得进行操作;

④站位得当;

⑤转动部件上不放置物品;

⑥严格遵守企业的规章制度和机械的操作规程。

任务训练

列举生活中你熟悉的机器,并说明:这种机器属于哪一种类型?该机器的运转对环境有什么影响?操作该机器时应注意哪些安全事项?

项目实施

项目名称	机器、机构、机械		日期	
项目知识点总结	本项目以牛头刨床为学习载体,主要学习了机械、机器及机构的基本概念和它们的逻辑关系;机械的发展历史、机械对环境的影响、机械操作安全等知识。通过本项目的学习,可以对机械相关知识有初步了解,为学习后续有关知识、解决工程问题打好基础。			
项目实施	步骤一:认识牛头刨床(机器) 　　牛头刨床除满足机器的前两个特征外,还能将电能转换为电机的旋转机械能输入传动部分,通过传动部分提供给执行部分,最终代替人们进行工作,因此它属于机器;牛头刨床中含有多种常见机构,如曲柄连杆机构、导杆机构、带传动机构、齿轮机构、凸轮机构和间歇运动机构等。 步骤二:牛头刨床的组成分析 　　如图1-3所示,根据机器的组成,牛头刨床的动力部分为电动机,执行部分为刀架和滑枕,传动部分为曲柄连杆机构、导杆机构、齿轮机构、凸轮机构、带传动机构、棘轮机构和螺旋传动机构等,控制部分为离合手柄、变速控制手柄等。 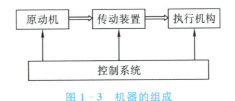 图1-3　机器的组成 步骤三:牛头刨床的类型 　　机器按照用途分四种类型:动力机器、加工机器、运输机器和信息机器。牛头刨床属于加工机器。 步骤四:机器和机构的区别			

名称	特征	功用
机器	(1)是人为的实体组合体; (2)各运动实体之间具有确定的相对运动; (3)在生产过程中,它们能代替或减轻人们的劳动,完成有用的机械功或将其他形式的能量转换为机械能	利用机械能做功或实现能量转换
机构	(1)是人为的实体组合体; (2)各运动实体之间具有确定的相对运动	传递或转换运动,或者实现某种特定的运动形式

| 项目实施 | 步骤五:构件与零件的区别

图1-6所示为内燃机曲柄连杆机构中的连杆,它是一个构件。构件是机构中最小的运动单元。为了便于连接,连杆上又安装了轴套、轴瓦、螺母、螺栓等,它们属于零件,零件是机械设备最小的加工制造单元。

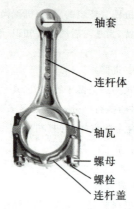

图1-6 内燃机连杆的组成

图1-8所示为零件、构件、机构、机器、机械之间的关系。

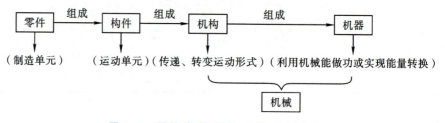

图1-8 零件、构件、机构、机器、机械的关系 |

步骤六:机械的发展历史

机械的发展历史给我们带来的启发,中国航天人孙家栋身上所闪耀的伟大的爱国精神、奉献精神、自强不息的奋斗精神值得我们每个人学习。

步骤七:机械与环境、机械与安全

(1)树立生态意识,增强环境保护意识;学习如何减少机械对环境的污染。
(2)树立机械安全防护知识,学习机械安全防护知识,采取机械安全防护措施。

项目1 机器、机构、机械

项目拓展训练

项目名称	机器、机构、机械		日期	
组长：	班级：	小组成员：		
项目知识点总结				
任务描述	汽车属于机械、机器还是机构？根据图1-17分析，汽车中的动力部分、传动部分、执行部分和控制部分分别有哪些？  控制部分　动力部分　传动部分　执行部分 图1-17　汽车的组成部分			
任务分析				
任务实施步骤				
遇到的问题及解决办法				

项目评价

以 5~6 人为一组，选出组长并进行任务分工，各组组长展示任务完成情况，并完成考核评价表。

考核评价表

评价项目		评价标准	满分	小组打分	教师打分
专业能力	基础掌握	能准确理解机械、机器、机构、构件、零件的概念并厘清其相互关系	20		
	操作技能	能准确识别机器的组成部分	15		
	分析能力	能分析机器的工作过程及机构的传动原理	25		
素质能力	参与程度	认真参加活动，积极思考，主动与同学、老师进行交流，善于发现和解决问题	20		
	爱国精神、奉献精神	崇尚名人爱国精神与奉献精神，勤于奋斗，勇于接受任务，敢于承担责任	10		
	环境保护意识、安全意识	具有环境保护意识和机械生产安全意识	10		
总分			100		

项目巩固训练

一、选择题

1. 洗衣机的工作部分是( )。
   A. 电机　　　　　B. 带传动　　　　C. 波轮　　　　　D. 开关

2. 汽车的执行部分是( )。
   A. 发动机　　　　B. 空调　　　　　C. 方向盘　　　　D. 车轮

3. 通常用( )作为机构和机器的总称。
   A. 机构　　　　　B. 机器　　　　　C. 机械

4. 电动机属于机器的( )部分。
   A. 执行　　　　　B. 传动　　　　　C. 动力

5. 机构和机器的本质区别在于( )。
   A. 是否做功或实现能量转换
   B. 是否由许多构件组合而成
   C. 各构件间是否产生相对运动

二、填空题

1. 一台机器组成通常包括_____、_____、_____和_____。

2. 构件是机器的_____单元,零件是机器的_____单元,零件分为_____零件和_____零件。

三、简答题

1. 自行车是机器还是机构？请说明理由。

2. 机械中哪些情况容易导致危险的出现？

项目 2　平面连杆机构

项目目标

【知识目标】

1. 掌握平面机构的组成和基本分析方法；
2. 掌握铰链四杆机构的类型及其演化；
3. 掌握铰链四杆机构的工作特性；
4. 能够绘制简单平面连杆机构的运动简图，并分析其运动。

【能力目标】

1. 学会判断铰链四杆机构的类型；
2. 学会平面连杆机构的自由度的计算。

【素质目标】

1. 通过大量机械传动分析实例，培养运用理论分析解决实际问题的能力；
2. 通过项目实施，培养团队合作意识；
3. 通过"死点"现象培养辩证地看待事物或人；
4. 通过自由度的计算，培养严谨的工作作风和精益求精的工匠精神。

项目描述

内燃机是一种动力机械，它是通过使燃料在内燃机气缸内部燃烧，并将其放出的热能直接转换为动能的热力发动机。广义上的内燃机不仅包括往复活塞式内燃机、旋转活塞式发动机和自由活塞式发动机，也包括旋转叶轮式的喷气式发动机，但通常所说的内燃机仅指活塞式内燃机。活塞式内燃机以往复活塞式最为普遍。活塞式内燃机将燃料和空气混合，在其气缸内燃烧，释放出的热能使气缸内产生高温高压的燃气。燃气膨胀推动活塞做功，活塞通过曲柄连杆机构或其他机构将机械功输出，从而驱动从动机构工作。

内燃机曲柄滑块机构

请分析一下，图 2-1 所示的内燃机是如何工作以实现功的输出，驱动从动机构进行工作的呢？

项目2 平面连杆机构 21

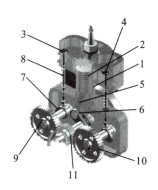

1—气缸体;2—活塞;3—进气阀;4—排气阀;5—连杆;
6—曲柄;7—凸轮;8—顶杆;9,10,11—齿轮。

图2-1 汽车内燃机

项目分析

图2-1所示为汽车内燃机系统,当活塞2由上止点往下走,进气阀3打开,将混合气体(汽油和空气)吸入气缸内,这时候活塞2由下止点往上走,进、排气阀3、4关闭,将混合气体进行压缩,这时火花塞在一定的时间内打火,将混合气体点燃,产生爆发,推动活塞2下行,连杆5推动曲柄6旋转,产生动力,活塞2继续往上运动,排气阀4打开,将废气排出气缸外,完成一次工作循环。活塞2往复运动做功,将动力传递给汽车轮胎驱动汽车前进。

本项目以汽车内燃机为载体,通过分析内燃机各构件之间的连接方式来分析构件之间的传动过程;通过计算平面连杆机构的自由度来确定机构传动所需要的原动件个数;通过杆件长度和机架位置来判断平面连杆机构的类型;通过掌握平面连杆机构的工作特性来分析内燃机的传动过程。为达成本项目学习目标,需要完成如下学习任务:

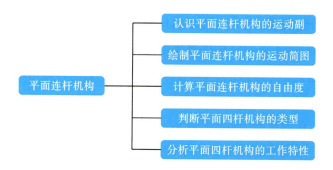

知识链接 2.1　认识平面连杆机构的运动副

想一想

图 2-1 所示内燃机系统的曲柄滑块机构中,各构件是以什么方式进行连接的?这些连接方式有什么区别?

一、运动副的概念

通过前面的学习知道,机构是由具有确定相对运动的若干构件组成的,这些构件就是采用运动副进行组合的。运动副是指由两个直接接触的构件组成的用来限制两个构件之间相对运动的一种可动连接,例如轴与轴承的连接、活塞与气缸的连接、齿轮传动两个轮齿间的连接等。运动副限制了两构件间某些独立的运动。

两构件只能在同一平面或相互平行的平面内作相对运动的运动副,称为平面运动副。本课程研究的运动副均为平面运动副。

运动副

二、运动副的种类

根据运动副接触形式不同,平面运动副可分为低副和高副。

1. 低副

两构件通过面接触构成的运动副称为低副。平面低副又分为转动副和移动副。

(1)转动副:两构件组成只能作相对转动的运动副称为转动副。如图 2-2(a)所示,轴承 1 和轴 2 组成一个转动副,由于有一个构件被固定,因此该转动副又称为固定铰链。如图 2-2(b)所示,组成转动副的构件 1 和构件 2 都未被固定,该转动副又称为活动铰链。

(2)移动副:两构件组成只能作相对移动的运动副称为移动副,如图 2-2(c)所示,组成移动副的构件 1 和构件 2 之间的运动为直线往复运动。

低副的接触表面一般是平面或圆柱面,易制造和维修,承受载荷时的单位面积压力较小,较为耐用,传力性能好。但低副是滑动摩擦,摩擦力大,因此效率较低。

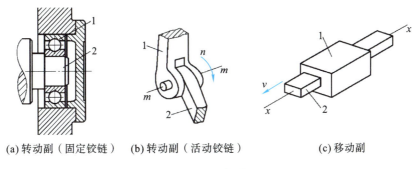

(a) 转动副（固定铰链）   (b) 转动副（活动铰链）   (c) 移动副

图 2-2 低副

转动副   移动副

2. 高副

两构件以点或线的形式相接触而组成的运动副称为高副，如图 2-3 所示，火车轮 1 与钢轨 2、凸轮 1 与从动件 2、啮合的两个轮齿 1 和 2，它们分别以线、点、线的方式相互接触，形成了高副。

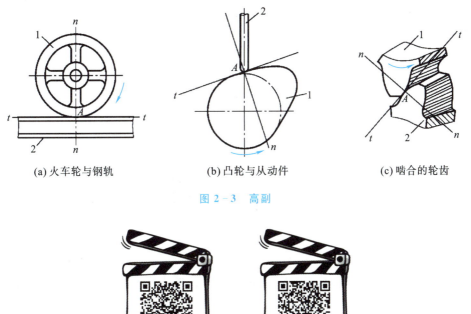

(a) 火车轮与钢轨   (b) 凸轮与从动件   (c) 啮合的轮齿

图 2-3 高副

凸轮机构   齿轮啮合

高副由于是点或线接触,单位面积压力较大,构件接触处容易磨损,制造和维修困难,但高副能传递较复杂的运动,比较灵活,易于实现预定的运动规律。

三、运动副的表示方法

图2-4所示为机构中构件的表示方法,构件可用直线、三角形或方块等图形表示,画有成组斜线的构件代表机架。当一个构件参与组成两个运动副时,该构件可用如图2-4(a)所示的图形表示;当一个构件参与组成三个运动副时,该构件常用如图2-4(b)所示的图形表示。

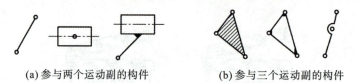

(a) 参与两个运动副的构件　　　　(b) 参与三个运动副的构件

图2-4　机构中构件的表示方法

机构中运动副的表示方法如表2-1所示。

表2-1　运动副的表示方法

运动副的名称		运动副的符号	
		两运动构件构成的运动副	两构件之一为固定时的运动副
平面低副	转动副	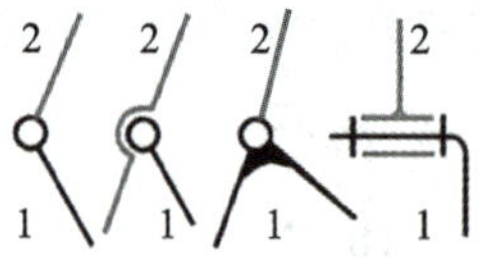	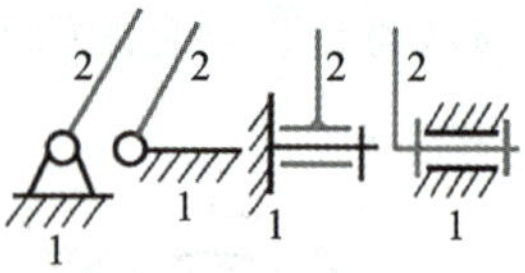
	移动副	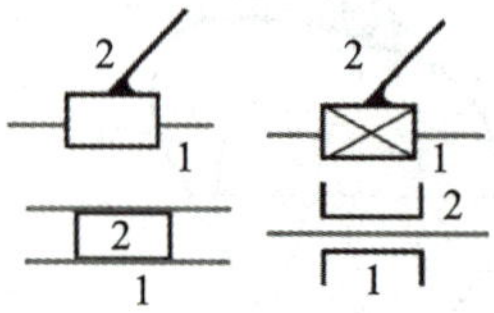	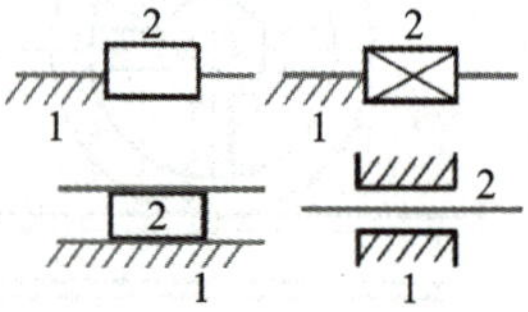
平面高副			

如表2-1所示,转动副用小圆圈表示,小圆圈的中心位于回转中心处;移动副的导路必须与相对移动方向一致;两构件组成高副时,在机构运动简图中应画出两构件接触处的轮廓曲线。

图2-5所示的汽车雨刮器中的运动副有哪些?

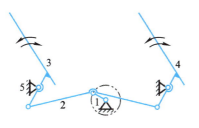

图 2-5 汽车雨刮器

雨刮器

图 2-1 所示的汽车内燃机中,各构件以什么样的运动副进行连接?

知识链接 2.2　绘制平面连杆机构的运动简图

图 2-1 所示内燃机系统的曲柄滑块机构,如何用简化图形对它的运动副和运动过程进行表达?

一、平面连杆机构的运动简图概念

无论是对已有的机器进行运动与动力分析,还是设计新的机器,都需要画出机构的运动简图。所谓机构的运动简图,是指用规定的符号和线条表示构件和运动副,按一定的比例表示运动副的相对位置,并准确反映平面机构运动特征的简图。有时,为了表明机器的结构情况,所绘出的图形与机器的运动副之间的尺寸不成严格的比例关系,通常称这样的简图为机构的示意图。

二、绘制平面机构运动简图的步骤

(1)分析机构的运动原理和结构情况,依次确定其机架、原动件、从动件。

(2)沿着运动传递路线,逐一分析每个构件间相对运动的性质,以确定运动副的类型和数目。

(3)恰当地选择视图平面,通常可选择机械中多数构件的运动平面为视图平面,必要时也可选择两个或两个以上的视图平面,然后将其布置到同一图面上。

(4)选择适当的比例尺,定出各运动副的相对位置,并用各运动副的代表符号、常用机构的运动简图符号和简单的线条,绘制机构运动简图。

(5)从原动件开始,按传动顺序标出各构件的编号和运动副的代号。在原动件上标出箭头以表示其运动方向。

三、绘制内燃机曲柄滑块机构运动简图的步骤

(1)分析机构的组成和运动情况,找出主动件、从动件和机架。

内燃机曲柄滑块机构由曲柄1、连杆2、活塞3和气缸体4等构件组成,如图2-6(a)所示往复直线运动的活塞3通过连杆2驱动曲柄1转动。其中,气缸体4是机架,活塞3是主动件,其余为从动件。

(2)分析各构件之间的相对运动形式,确定运动副的类型和数目。

曲柄1与气缸体4、连杆2与曲柄1之间均发生相对转动,构成2个转动副;活塞3既与连杆2之间发生相对转动,又与气缸体4之间发生相对直线运动,构成1个转动副和1个移动副。

(3)选择适当的视图平面和绘图比例。

由于内燃机曲柄滑块机构是平面机构,因此选择连杆2的运动平面作为机构运动简图的视图平面,这样可清楚地表达构件间的运动传递情况。

以图纸的大小、实际机构的大小和能清楚表达机构的结构为依据,选择长度比例尺。

$$\mu_l = \frac{实际尺寸(m)}{图上尺寸(mm)} \quad (2-1)$$

(4)确定各运动副的相对位置,依照运动的传递顺序,用构件和运动副的表示符号绘制出机构运动简图。

取曲柄1与竖直方向成60°的位置为主动件的初始位置,各运动副之间的相对位置根据机构的实际测量尺寸按比例缩放后确定。依照运动的传递顺序,用规定的表示方法绘制运动副和构件,标出构件标号和主动件,如图2-6(b)所示。

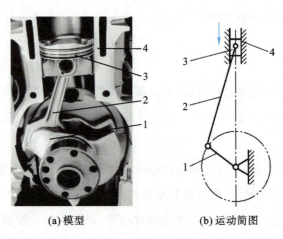

(a)模型　　　　　　(b)运动简图

1—曲柄;2—连杆;3—活塞;4—气缸体。

图2-6　内燃机曲柄滑块机构

绘制图2-7(a)所示颚式破碎机主体机构运动简图。

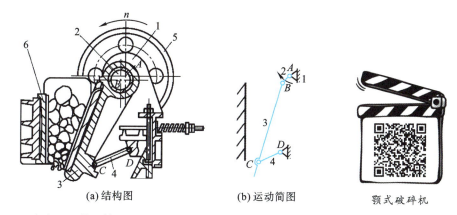

(a)结构图　　　　(b)运动简图　　　　颚式破碎机

1—机架;2—偏心轴;3—动颚;4—肘板;5—带轮;6—定颚。

图2-7　颚式破碎机

知识链接2.3　计算平面连杆机构的自由度

如何保证机构按照预期的设计目标进行运动？如何确定某一机构需要几个原动件？

一、平面连杆机构的自由度概念

自由度是指构件相对于机架可进行自由运动的数目。

如图2-8(a)所示,平面xOy内的构件AB既能沿x、y方向移动,又能在平面xOy内绕某一点转动,因此自由运动的构件在一个平面内具有3个自由度,在空间内则具有6个自由度。

如图2-8(b)所示,若构件AB的A端通过铰链连接在地面上,形成转动副,则构件AB沿x、y方向的移动被限制,而只能绕平面xOy内的A点转动,此时构件AB在平面xOy内只有1个自由度。由此可见,在引入运动副后,构件的自由运动将受到限制,自由度将减少。我们将这种对构件运动的限制称为约束。

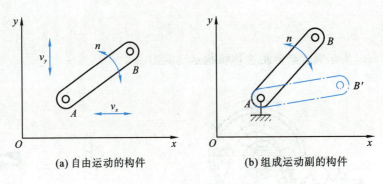

(a) 自由运动的构件　　　　　　(b) 组成运动副的构件

图 2-8　平面构件的自由度

请根据上述所学知识思考一下，运动副、约束、自由度之间存在什么样的关系？

一般而言，当构件被引入 N 个约束，则会失去 N 个自由度。1 个低副会产生 2 个约束，使构件失去 2 个自由度；1 个高副会产生 1 个约束，使构件失去 1 个自由度。如图 2-8(b)所示，构件 AB 在引入一个低副后，产生了 2 个约束，失去了 2 个自由度。

如图 2-9 所示的低副，均引入 2 个约束，则其自由度为 1。

(a) 转动副　　　　　　(b) 移动副

图 2-9　低副（面接触）

转动副　　　　　　移动副

如图 2-10 所示的高副，均引入 1 个约束，其自由度为 2。

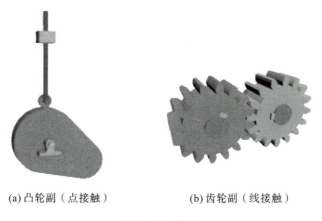

(a) 凸轮副（点接触）　　　　(b) 齿轮副（线接触）

图 2-10　高副

凸轮机构　　　　　　　　齿轮啮合

二、平面连杆机构自由度的计算

平面机构的自由度是指平面机构中各构件相对于机架所具有的独立运动的数目之和。平面机构的自由度一般用 F 表示。

假设一个平面机构包括机架在内共有 N 个构件，则活动构件的数目为 $n=N-1$。这些活动构件在未组成运动副之前的自由度总数为 $3n$。若该平面机构中有 P_L 个低副、P_H 个高副，则组成运动副后共计引入 $2P_L+P_H$ 个约束，平面机构减少 $2P_L+P_H$ 个自由度。平面机构的自由度为所有构件的自由度总数减去运动副的约束总数，得到该平面机构自由度 F 的计算公式为

$$F=3(N-1)-2P_L-P_H \qquad (2-2)$$

【例 2-1】计算图 2-6 所示的汽车发动机曲柄连杆机构的自由度。

解：如图 2-6(b)所示，该机构共有 4 个构件，活动构件的数目为 3 个。其中有 3 个转动副和 1 个移动副，则 $P_L=4$；没有高副，则 $P_H=0$。根据式(2-2)，该机构的自由度为

$$F=3\times3-2\times4-0=1$$

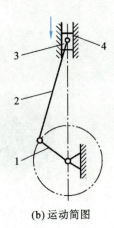

(b) 运动简图

1—曲柄；2—连杆；3—活塞；4—气缸体。

图 2-6　内燃机曲柄滑块机构

【例 2-2】计算图 2-11 所示开窗机构的自由度。

 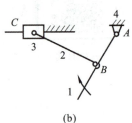

(a)　　　　　　　　　(b)

图 2-11　开窗机构

解：如图 2-11(b)所示，该机构共有 4 个构件，活动构件的数目为 3 个。其中有 3 个转动副和 1 个移动副，则 $P_L=4$；没有高副，则 $P_H=0$。根据式(2-2)，该机构的自由度为

$$F = 3\times 3 - 2\times 4 - 0 = 1$$

【例 2-3】计算图 2-12 所示牛头刨床导杆机构的自由度。

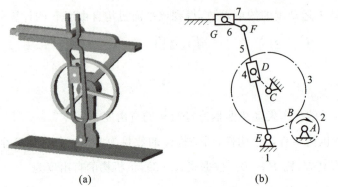 

牛头刨床导杆机构

(a)　　　　　　　　　(b)

图 2-12　牛头刨床导杆机构

解:如图 2-12(b)所示,该机构共有 7 个构件,6 个活动构件。其中有 6 个转动副和 2 个移动副,则 $P_L=8$;一个高副,则 $P_H=1$。根据式(2-2),该机构的自由度为

$$F=3\times 6-2\times 8-1=1$$

【例 2-4】计算图 2-7 所示颚式破碎机的自由度。

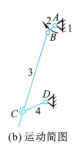

(b) 运动简图

图 2-7 颚式破碎机

解:活动构件数 $n=3$,低副数 $P_L=4$,高副数 $P_H=0$,

$$F=3\times 3-2\times 8-0=1$$

三、计算平面机构自由度时的三种特殊情况

【案例导入】计算图 2-13 所示圆盘锯机构的自由度。

解:活动构件数 $n=7$,低副数 $P_L=6$,高副数 $P_H=0$,

$$F=3n-2P_L-P_H=3\times 7-2\times 6-0=9$$

这个计算结果显然是不合理的,为什么呢?其实,平面运动机构在计算自由度时有三种特殊情况——复合铰链、局部自由度、虚约束,需要特殊对待才能得出正确结论。

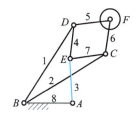

图 2-13 圆盘锯机构的运动简图

1. 复合铰链

复合铰链指 2 个以上的构件在同一处以转动副的形式连接,如图 2-14 所示。

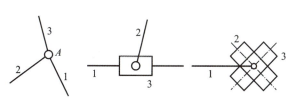

图 2-14 复合铰链的常见连接方式

当平面运动机构含有复合铰链时,计算机构自由度时,当机构在同一点处有 m 个构件相连接,则这个点的实际转动副数目为 $(m-1)$ 个。

【注意】复合铰链是指两个以上构件同时在一处用转动副相连,而不应仅仅根据若干构件汇交来判断,如图 2-15 所示。

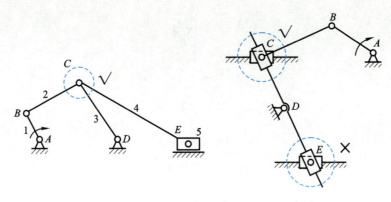

图 2-15 复合铰链的判断

那么如图 2-13 所示的圆盘锯机构的自由度应该如何计算呢?由于此机构 B、C、D、E 4 处均由 3 个构件组成复合铰链,因此其自由度的正确计算方法:活动构件数 $n=7$,低副数 $P_L=10$,高副数 $P_H=0$,

$$F=3n-2P_L-P_H=3\times 7-2\times 10-0=1$$

这个结果才是合理的。

指出图 2-16 所示平面运动机构中的复合铰链。

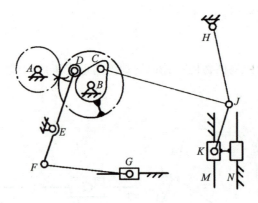

图 2-16 平面运动机构

2. 局部自由度

局部自由度是指个别构件所具有的、不影响整个机构运动的自由度。

如图 2-17(a)所示凸轮机构,滚子的转动自由度并不影响整个机构的运动,属于局部自由度。如果将滚子按照构件计入自由度计算,$n=3$,$P_L=3$,$P_H=1$,$F=3\times3-2\times3-1=2$,则与实际不符。

当构件含有局部自由度时,一般将滚子固化在支承滚子的构件上,除去局部自由度,即把滚子和从动件看作一个构件,如图 2-17(b)所示,此时 $n=2$,$P_L=2$,$P_H=1$,$F=3\times2-2\times2-1=2$,与实际相符。

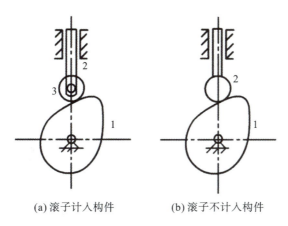

(a) 滚子计入构件　　　　(b) 滚子不计入构件

图 2-17　凸轮机构

【注意】实际结构中为减小摩擦而采用局部自由度。"除去"指计算中不计入,并非实际拆除。

3. 虚约束

在特定几何条件或结构条件下,某些运动副所引入的约束可能与其他运动副所起的限制作用一致,这种对机构的运动实际不起限制作用的重复约束为虚约束,计算自由度时应去掉。

如图 2-18(a)所示平行四边形机构,已知构件 AB、CD、EF 平行且相等,计算图示平行四边形机构的自由度。

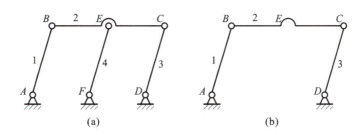

图 2-18　平行四边形机构

该机构中,由于 $AB=CD=EF$,故增加构件 4 前后 E 点的轨迹都是圆弧,增加的约束不起作用,计算自由度时应去掉构件 4,如图 2-18(b)所示。此时 $n=3,P_L=4,P_H=0,F=3n-2P_L-P_H=3×3-2×4=1$。

如图 2-19 所示为虚约束经常出现的场合:

①两构件连接前后,连接点的轨迹重合;

②两构件构成多个移动副,且导路平行;

③两构件构成多个转动副,且同轴;

④运动时,两构件上的两点距离始终不变;

⑤对运动不起作用的对称部分,如多个行星轮。

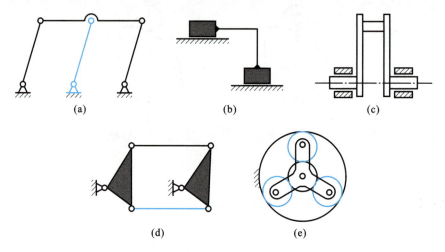

图 2-19 虚约束的常见场合

任务训练

1. 计算图 2-20 所示升举机构的自由度,并判断机构的运动是否具有确定性。

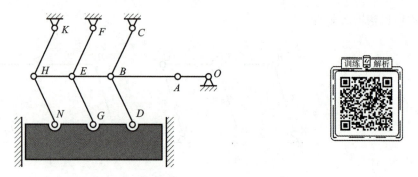

图 2-20 升举机构

2.计算图 2-21 所示机构的自由度。

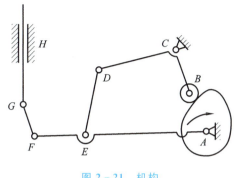

图 2-21 机构

知识链接 2.4 判断平面四杆机构的类型

图 2-22 所示为铰链四杆机构。思考一下,铰链四杆机构通常可以做什么形式的运动呢? 若已知杆件 AB、BC、CD 和 AD 的长度,如何判断该机构的运动形式?

一、平面连杆机构相关概念

(1)连杆机构:构件间只有低副(转动副或移动副)连接的机构,又称低副机构。
(2)平面连杆机构:所有构件都在同一平面的连杆机构。
(3)平面 n 杆机构:具有 $n(n \geqslant 4)$ 个构件(包括机架)的平面连杆机构。
(4)铰链四杆机构:构件间用 4 个转动副相连的平面四杆机构。

二、铰链四杆机构的组成

图 2-22 所示为铰链四杆机构,其四个构件在 A、B、C、D 点均采用转动副连接。

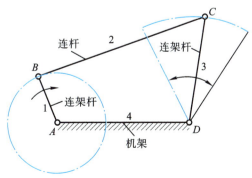

图 2-22 铰链四杆机构

机架——构件4,固定不动;

连架杆——构件1和3,均与机架相连;

连杆——构件2,连接两个连架杆且做平面运动。

铰链四杆机构由机架、连架杆和连杆组成,若连架杆能绕其轴线做整周旋转,一般称为曲柄,如图中构件1;若连架杆不能绕其轴线做整周旋转,只能做摆动运动,则称之为摇杆,如图2-22中构件3。

三、铰链四杆机构的基本类型

铰链四杆机构中,机架和连杆总是存在的,因此可以按照两连架杆中曲柄存在的情况,分为三种基本形式:曲柄摇杆机构、双曲柄机构、双摇杆机构。

1. 曲柄摇杆机构

如图2-22所示,在铰链四杆机构中的两个连架杆,如果一个为曲柄,另一个为摇杆,那么该机构就称为曲柄摇杆机构。取曲柄 AB 为主动件,当曲柄 AB 做连续等速整周转动时,从动摇杆 CD 将在一定角度内作往复摆动。由此可见,曲柄摇杆机构能将主动件的整周回转运动转换成从动件的往复摆动,如图2-23所示的雷达俯仰天线机构,图2-24所示的搅拌机及图2-7所示的颚式破碎机传动机构。

曲柄摇杆机构

图2-23 雷达俯仰天线机构

雷达俯仰天线机构

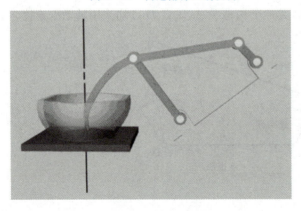

图2-24 搅拌机

搅拌机

也可以将摇杆作为主动件,曲柄作为从动件,将摇杆的摆动运动转化为曲柄的整周旋转,如图 2-25 所示的缝纫机脚踏板机构。缝纫机带轮 3 在连杆 2 的驱动下做整周旋转时,会在两个位置点出现卡顿现象,这种现象称作为"死点"现象。我们将在机构的受力分析部分详细讲解"死点"现象。

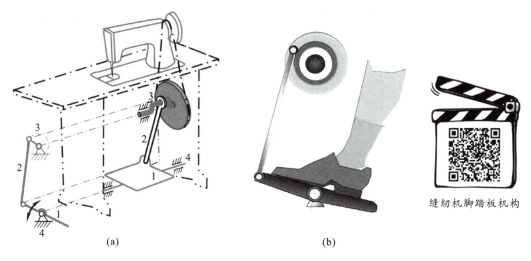

缝纫机脚踏板机构

图 2-25 缝纫机脚踏板机构

2. 双曲柄机构

在铰链四杆机构中,若两个连架杆均为曲柄,则该机构称为双曲柄机构。

双曲柄机构中的两个曲柄可分别为主动件。如图 2-26 所示的惯性筛中,$ABCD$ 为双曲柄机构,工作时以曲柄 AB 为主动件,并做等速转动,通过连杆 BC 带动从动曲柄 CD 做周期性的变速运动,再通过 E 点的连接,使筛子做变速往复运动。惯性筛就是利用从动曲柄的变速转动,使筛子具有一定的加速度,使筛面上的物料由于惯性来回抖动,达到筛分物料的目的。

双曲柄机构

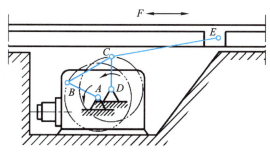

惯性筛

图 2-26 惯性筛

3. 平行四边形机构

在双曲柄机构中，当两个连架杆长度相等，连杆与机架长度也相等时，该机构称为平行四边形机构。连杆与机架平行的平行四边形机构称为正平行四边形机构，如图 2-27(a)所示，正平行四边形机构在传动时两曲柄转速和转向相同，连杆作平动；反之，连杆与机架不平行的平行四边形机构称为反平行四边形机构，如图 2-27(b)所示，反平行四边形机构在传动时两曲柄转速相同，转向相反。

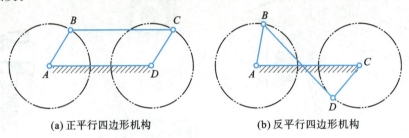

(a) 正平行四边形机构　　　　(b) 反平行四边形机构

图 2-27　平行四边形机构

1) 正平行四边形机构的应用

正平行四边形机构的应用很广，如在图 2-28 所示的机车联动装置中，车轮相当于曲柄，正平行四边形机构保证了各车轮同速同向转动。此机车联动装置中还增设了一个曲柄 EF 作辅助构件，以防止正平行四边形机构 ABCD 变成反平行四边形机构。

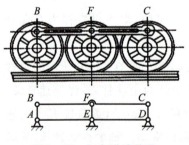

图 2-28　机车联动装置

机车联动装置

图 2-29 所示的摄影台升降机构采用正平行四边形机构，使得摄影机始终处于水平状态，以防止跌落。

图 2-29　摄影台升降机构

摄影台升降机构

2)反平行四边形机构的应用

反平行四边形机构两曲柄的旋转方向相反,且角速度也不相等。在如图2-30所示车门启闭机构中,当主动曲柄 AB 转动时,通过连杆 BC 使从动曲柄 CD 朝反向转动,从而保证两扇车门能同时开启和关闭。

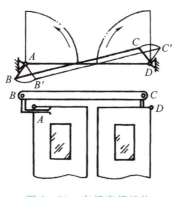

车门启闭机构

图2-30 车门启闭机构

4. 双摇杆机构

在铰链四杆机构中,若两个连架杆均为摇杆,则该机构称为双摇杆机构。在双摇杆机构中,两杆均可作为主动件。主动摇杆往复摆动时,通过连杆带动从动摇杆往复摆动。

双摇杆机构在机械工程中的应用也不少,如图2-31所示的汽车翻斗机构和鹤式起重机提升机构。

双摇杆机构

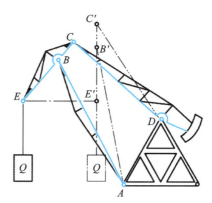

(a) 汽车翻斗机构 (b) 鹤式起重机提升机构

图2-31 双摇杆机构

汽车翻斗机构

鹤式起重机提升机构

5. 铰链四杆机构的类型判断方法

前述铰链四杆机构的类型都是根据曲柄和摇杆的数目进行区分的。因此,要判别铰链四杆机构的类型,必须先判断其是否存在曲柄。

设铰链四杆机构中 4 个构件的长度从短到长分别为 l_{min}、l_2、l_3 和 l_{max},若该机构中存在曲柄,则必须满足的条件为

$$l_{max} + l_{min} \leqslant l_2 + l_3 \tag{2-3}$$

当铰链四杆机构中构件的长度满足式(2-3)时,其基本类型可根据最短杆位置的不同进行判别:

①若最短杆为连架杆,则该机构为曲柄摇杆机构;

②若最短杆为机架,则该机构为双曲柄机构;

③若最短杆为连杆,则该机构为双摇杆机构。

当铰链四杆机构中构件的长度不满足式(2-3)时,机构中不存在曲柄,该机构为双摇杆机构。

由上述可知,铰链四杆机构中曲柄的数目取决于各构件的相对长度和最短杆所处的位置,存在曲柄的充分必要条件如下:

(1)最短构件与最长构件的长度之和小于或等于其余两构件的长度之和;

(2)连架杆和机架之中必有一个为最短构件。

铰链四杆机构类型的判断方法(格拉肖夫条件)如图 2-32 所示。

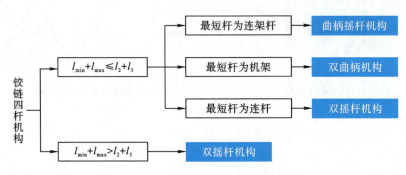

图 2-32 铰链四杆机构类型的判断方法

典型例题

【例 2-5】 如图 2-33 所示的铰链四杆机构 $ABCD$，各杆的长度均标于图中。请根据基本类型判别方法，说明分别以构件 AB、BC、CD、AD 为机架时，该四杆机构属于何种类型。

解：最短杆 $l_{\min} = l_{AD} = 20$，最长杆 $l_{\max} = l_{CD} = 55$，其余两杆 $l_{AB} = 30$，$l_{BC} = 50$。$l_{AD} + l_{CD} = 20 + 55 = 75$，$l_{AB} + l_{BC} = 30 + 50 = 80$。

$$l_{\min} + l_{\max} < l_{AB} + l_{BC}$$

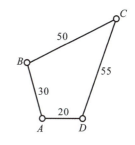

图 2-33 铰链四杆机构

① 以 AB 或 CD 为机架，即最短杆 AD 为连架杆时，该机构为曲柄摇杆机构；

② 以 BC 为机架，即最短杆 AD 为连杆时，该机构为双摇杆机构；

③ 以最短杆 AD 为机架时，该机构为双曲柄机构。

任务训练

图 2-34 所示为机架在不同位置时的铰链四杆机构，已知 $a = 220$ mm，$b = 510$ mm，$c = 380$ mm，$d = 580$ mm。请判断这些铰链四杆机构分别属于哪种基本类型。

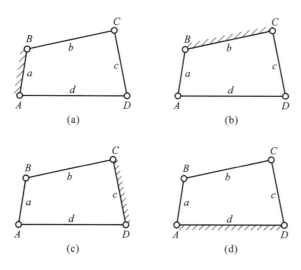

图 2-34 铰链四杆机构的类型判断

四、铰链四杆机构的演化

除了铰链四杆机构的上述三种形式外，人们还广泛采用其他形式的平面四杆机构。通过分析、研究这些平面四杆机构的运动特性可以发现，这些平面四杆机构都是由铰链四杆机构通过一定途径演化而来的。

1. 曲柄滑块机构

图2-35所示为铰链四杆机构的演化过程。

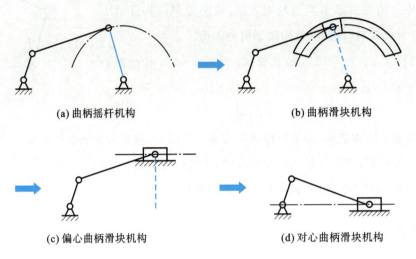

图 2-35　铰链四杆机构的演化过程

曲柄滑块机构在机械中应用十分广泛,如内燃机、搓丝机、自动送料装置及压力机等,都采用曲柄滑块机构。在曲柄滑块机构中,若曲柄为主动件,则可将曲柄的连续旋转运动经连杆转换为从动滑块的往复直线运动,如图2-36所示的汽车内燃机活塞-连杆机构,当曲柄连续旋转运动时,经连杆带动滑块实现活塞的往复直线移动。反之,若滑块为主动件,则可将滑块的往复直线运动经连杆转换为从动曲柄的连续旋转运动。

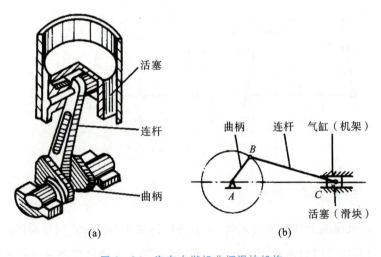

图 2-36　汽车内燃机曲柄滑块机构

2. 导杆机构

若将图2-37(a)所示的曲柄滑块机构中的构件1作为机架,就演化成图2-37(b)、(c)所示的导杆机构。导杆4能绕机架做整周转动,则称为转动导杆机构,如图2-37(b)所示;导杆4只能在某一角度内摆动,则称为摆动导杆机构,如图2-37(c)所示。导杆机构具有很好的传力性能,常用于牛头刨床、插床和送料装置等机器中,如图2-37(d)、(e)所示。

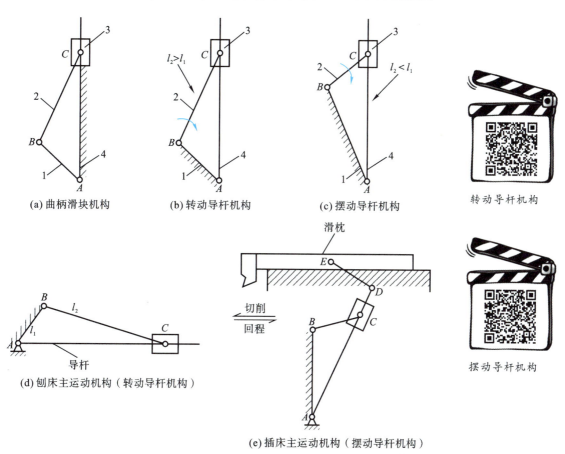

图 2-37 导杆机构

3. 摇块机构

若将图2-37(a)所示的曲柄滑块机构中的构件2作为机架,就演化成摇块机构,如图2-38(a)所示,此机构中滑块相对机架摇动。这种机构常应用于摆缸式内燃机或液压驱动装置。图2-38(b)所示的自卸翻斗装置也应用了摇块机构,杆1(车厢)可绕车架2上的B点摆动。杆4(活塞杆)、液压缸3(摇块)可绕车架上C点摆动,当液压缸中的压力油推动活塞杆运动时,迫使车厢绕B点翻转,物料便自动卸下。

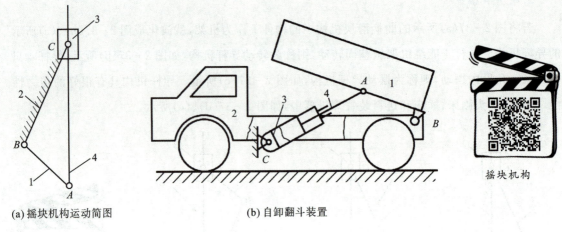

(a) 摇块机构运动简图   (b) 自卸翻斗装置

图 2-38 摇块机构

4. 定块机构

若将图 2-37(a)所示的曲柄滑块机构中的构件 3 作为机架,就演化成定块机构,如图 2-39(a)所示,此机构中滑块固定不动。图 2-39(b)所示的抽水机就应用了定块机构,当摇动手柄 1 时,在杆 2 的支撑下,活塞杆 4 即在固定滑块 3(唧筒作为静件)内上下往复移动,以达到抽水的目的。

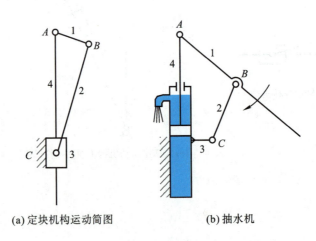

(a) 定块机构运动简图   (b) 抽水机

图 2-39 定块机构

知识链接2.5　分析铰链四杆机构的基本特性

想一想

（1）扫描右侧二维码，观察牛头刨床的加工过程，并思考：牛头刨床的切削行程和空回行程两个过程所用的时间长短是否一样？

（2）缝纫机在刚开始踩脚踏板时为什么会比较吃力？

下面就铰链四杆机构的基本特性——运动特性和传力特性进行分析。了解基本特性对于分析四杆机构的工作过程，正确选择四杆机构的类型和设计四杆机构都具有非常重要的作用。

牛头刨床加工

一、铰链四杆机构的运动特性——急回特性

在如图2-40所示的曲柄摇杆机构中，曲柄AB在转动一周的过程中与连杆BC共线两次，此时摇杆CD达到极限位置C_1D和C_2D，它们之间的夹角称为**摇杆摆角**，用ψ表示。摇杆CD处于两个极限位置（简称**极位**）时，曲柄所处位置AB_1和AB_2之间所夹的锐角称为**极位夹角**，用θ表示。

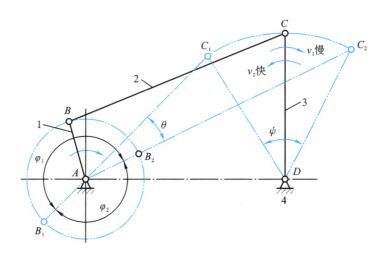

图2-40　曲柄摇杆机构的运动特性

要注意区分极位C_1D、C_2D、极位夹角θ及摇杆摆角ψ的概念，以免混淆。

当曲柄AB按顺时针方向从AB_1匀速转动到AB_2时，转过角度为$\varphi_1=180°+\theta$，同时摇杆

CD 相应地从 C_1D 摆动到 C_2D，摆过角度 ψ，所用时间为 t_1，该过程若做功，则可称为工作行程，记其平均速度为 v_1；当曲柄 AB 继续以顺时针方向从 AB_2 匀速转动到 AB_1 时，转过角度 $\varphi_2 = 180° - \theta$，摇杆 CD 相应地从 C_2D 摆动到 C_1D，摆过角度 ψ，所用时间为 t_2，该过程若不做功，则可称为空回行程，记其平均速度为 v_2。v_2 与 v_1 之比为

$$K = \frac{v_2}{v_1} = \frac{t_1}{t_2} = \frac{\varphi_1}{\varphi_2} = \frac{180° + \theta}{180° - \theta} \tag{2-4}$$

式中，K 为行程速度变化系数。利用行程速度变化系数 K 可计算极位夹角 θ，即

$$\theta = 180° \times \frac{K-1}{K+1} \tag{2-5}$$

由式(2-4)可知，当极位夹角 $\theta > 0$ 时，$K > 1$，则 $v_2 > v_1$，这表示曲柄摇杆机构中，空回行程的平均速度大于工作行程的平均速度，这种特性称为平面四杆机构的**急回特性**。

θ 越大，K 值就越大，曲柄摇杆机构的急回特性就越明显，回程时间就越短，机器的生产效率就越高。因此在牛头刨床和往复式输送机等机械中常采用偏置曲柄滑块机构和曲柄导杆机构，利用它们的急回特性，在空回行程中快速运动以节省时间，从而提高机器的工作效率。

如图2-41所示的牛头刨床导杆机构，

$$K = \frac{v_2}{v_1} = \frac{t_1}{t_2} = \frac{\varphi_1}{\varphi_2} = \frac{180° + \theta}{180° - \theta}$$

由于其结构特点，θ 不可能为零，因此 K 必然大于1，该机构必然具有急回特性。

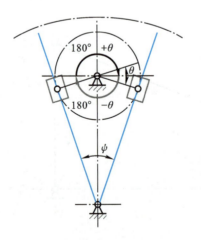

图 2-41 牛头刨床导杆机构

牛头刨床导杆机构

二、铰链四杆机构的传力特性

如图2-42所示，在铰链四杆机构中，主动件1经连杆2推动从动件3运动，在不计构件自

重及转动副的摩擦力时,从动件 3 上 C 点所受力 **F** 沿 BC 方向,**F** 与速度 **v**$_c$ 所夹的锐角称为压力角,用 α 表示。

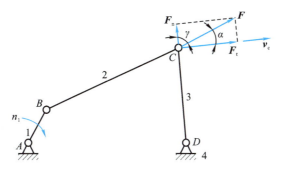

图 2-42　铰链四杆机构的压力角和传动角

从动件 3 所受的水平分力为 **F**$_t$ = **F**cosα,它推动从动件运动而做有效功,属于有效分力;垂直分力为 **F**$_n$ = **F**sinα,它引起转动副内的摩擦力,属于有害分力。由此可见,压力角 α 越小,有效分力越大,有害分力越小,机构的传动效率就越高。因此,压力角 α 可作为衡量机构传力特性的参数。

在工程中,为了方便观察与测量,通常将连杆 2 和从动件 3 所夹的锐角作为衡量机构传力特性的参数,称为传动角,用 γ 表示。由图 2-42 可知,传动角 γ 是压力角 α 的余角,传动角 γ 越大,机构的传力特性就越好。

在机构传动过程中,γ 和 α 的大小随着构件位置的变化而变化。为了保证机构具有良好的传力特性,应限制传动角的最小值 γ$_{min}$ 或压力角的最大值 α$_{max}$。一般机械中,取 γ$_{min}$≥40°。

三、死点

如图 2-43(a)所示,在曲柄摇杆机构中,以摇杆 CD 为主动件,曲柄 AB 为从动件,当曲柄 AB 分别处于位置 AB$_1$ 和 AB$_2$ 时,连杆 BC 与曲柄 AB 共线,传动角 γ=0°,压力角 α=90°。此时,摇杆 CD 传递给曲柄 AB 的作用力与 AB 共线,有效分力为 0,使得有效驱动力矩为 0,曲柄摇杆机构将处于"卡死"或运动方向不确定的状态。曲柄摇杆机构的这两个位置称为**死点**。

在工程中,死点位置对机构的传动是不利的。例如,在如图 2-43(b)所示的缝纫机踏板机构中,踏板 3 做往复摆动,通过连杆 2 带动曲柄 1 做连续旋转运动。在实际使用过程中,若以较慢速度踩踏板时,当连杆 2 与曲柄 1 共线,即机构处于死点位置时,缝纫机会出现踩不动或倒转的现象。为了保证缝纫机正常运转,可在小带轮上安装手轮,通过手动转动手轮使机构在惯性作用下顺利地通过死点位置。

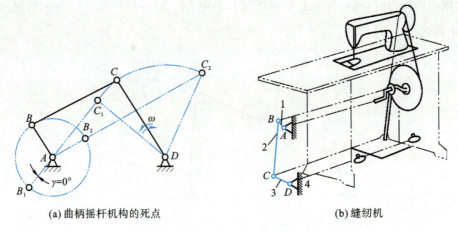

(a) 曲柄摇杆机构的死点　　　　　(b) 缝纫机

图 2-43　缝纫机中的死点现象

当死点对于传动机构不利时,应该采取措施使机构能顺利通过死点位置。对于连续运转的机器,可采用从动件的惯性来通过死点,例如缝纫机就是借助于带轮的惯性通过死点位置。也可采用机构错位排列的方法通过死点,如图 2-44 所示为蒸汽机车车轮的联动机构,它是使两排车轮(两组机构)的死点相互错开,靠位置差的作用通过各自的死点。

图 2-44　蒸汽机车车轮的联动机构

机车联动装置

实际应用中,死点并非总是起消极作用,也常利用死点位置实现一定的工作要求。如图 2-45 所示的夹紧机构就是利用死点位置进行工作的。当工件被夹紧后,BCD 共线,机构处于死点位置,即使工件的反作用力很大,夹具也不会自动松脱。若要取出工件时,只需向上扳动手柄,即能松开夹具。

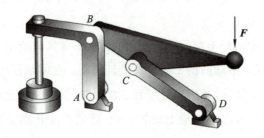

图 2-45　夹紧机构

夹紧机构

图 2-46 所示的飞机起落架机构也是利用死点位置进行工作的。当飞机准备降落时,起落架撑开,使 BCD 共线,机构处于死点位置,增加了起落架着陆时受地面冲击的稳定性。

> **死点的辩证论:**
> 　　死点现象是铰链四杆机构中的一种特殊情况,我们要辩证地看待这一现象。在某些场合,死点是有害的,我们要设法去克服死点;而在某些场合,死点是有利的,我们要尽量去利用死点。

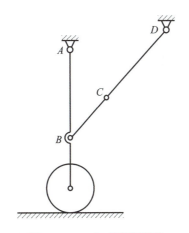

图 2-46　飞机起落架机构

飞机起落架机构

任务训练

判别平面四杆机构中是否存在死点的依据是什么?

项目实施

项目名称	平面连杆机构	日期	
项目知识点总结	本项目以汽车内燃机为学习载体,主要学习了平面机构的组成、运动副、自由度相关基础知识,铰链四杆机构的判别方法及演化过程,平面四杆机构的运动简图及工作特性等内容。通过本项目的学习,能够掌握平面连杆机构相关知识与技能,会分析汽车内燃机曲柄滑块机构的组成、运动副及工作特性,能够计算汽车内燃机配气机构的自由度并绘制其运动简图,为学习后续有关知识、解决工程问题打好基础。		
项目实施	步骤一:认识平面连杆机构的运动副(图2-9、图2-10),分析汽车内燃机(图2-1)中含有哪些运动副。 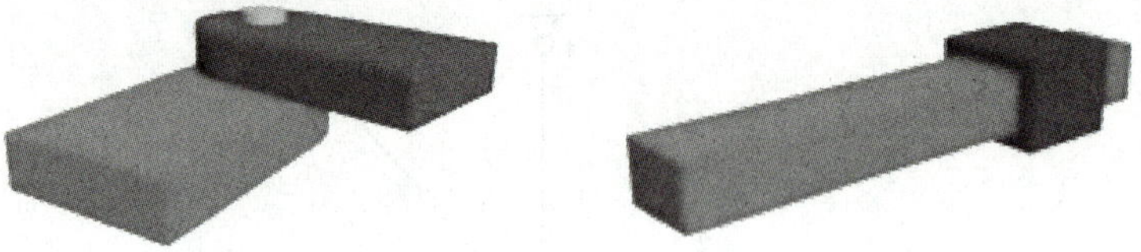 (a)转动副　　(b)移动副 图2-9　低副(面接触)  (a)凸轮副(点接触)　　(b)齿轮副(线接触) 图2-10　高副 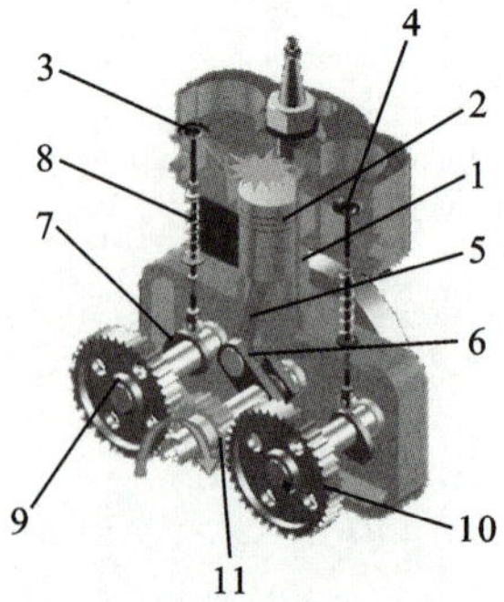 1—气缸体;2—活塞;3—进气阀;4—排气阀;5—连杆;6—曲柄;7—凸轮;8—顶杆;9,10,11—齿轮 图2-1　汽车内燃机 图2-1中的气缸体1与活塞2为低副(移动副);活塞2与连杆5、连杆5与曲柄6为低副(转动副);齿轮9与齿轮11、齿轮10与齿轮11、凸轮7与顶杆8上滚子为高副。		

步骤二:绘制汽车内燃机曲柄滑块机构的运动简图,如图2-6(b)所示。

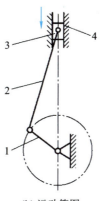

(b) 运动简图

1—曲柄;2—连杆;3—活塞;4—气缸体。

图2-6 内燃机曲柄滑块机构

步骤三:计算汽车内燃机曲柄滑块机构的自由度。

如图2-6(b)所示,机构中的活动构件数 $n=3$,低副 $P_L=4$,高副 $P_H=0$,

$$F=3\times3-2\times8-0=1$$

步骤四:分析汽车内燃机曲柄滑块机构的类型。(参考图2-35。)

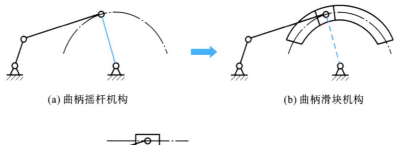

(a) 曲柄摇杆机构　　　　　　　　(b) 曲柄滑块机构

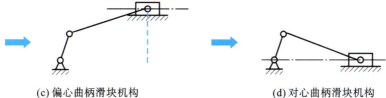

(c) 偏心曲柄滑块机构　　　　　　　(d) 对心曲柄滑块机构

图2-35 铰链四杆机构的演化过程

项目实施

步骤五:分析汽车内燃机曲柄滑块机构[图2-36(b)]的运动特性。该机构是否具有急回特性?是否有死点?

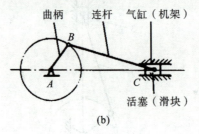

内燃机曲柄滑块机构

图 2-36 汽车内燃机曲柄滑块机构

如图2-36(b)所示,在汽车内燃机曲柄滑块机构中滑块为主动件,当滑块运动到极限位置时,机构极位夹角$\theta=0$,因此行程速比系数角$K=0$,机构不具有急回特性。在滑块驱动连杆,连杆驱动曲柄转动的过程中,曲柄和连杆存在两次共线,此时机构处于死点。汽车内燃机曲柄滑块机构为了解决死点现象,特在曲柄上增加飞轮,增大飞轮惯性以克服死点。

项目拓展训练

项目名称	平面连杆机构		日期	
组长：	班级：		小组成员：	
项目知识点总结				
任务描述	图2-7所示的颚式破碎机为什么将BC杆设置为动颚？该机构是否具有急回特性？是否具有死点？ 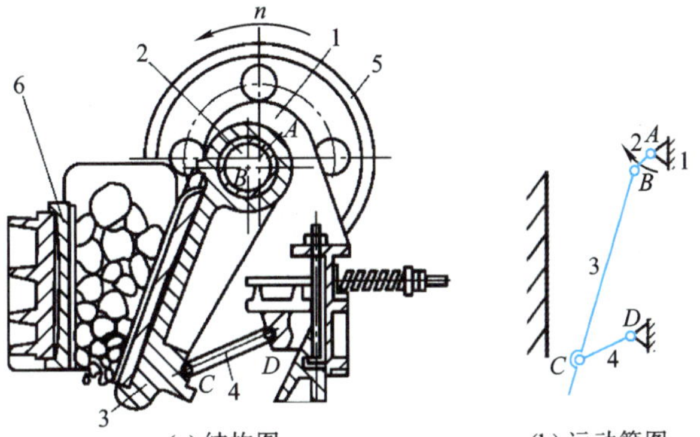 (a) 结构图　　(b) 运动简图 1—机架；2—偏心轴；3—动颚；4—肘板；5—带轮；6—定颚。 图2-7　颚式破碎机			
任务分析				
任务实施步骤				
遇到的问题及解决办法				

项目评价

以 5～6 人为一组,选出组长并进行任务分工,各组组长展示任务完成情况,并完成考核评价表。

考核评价表

评价项目		评价标准	满分	小组打分	教师打分
专业能力	基础掌握	能准确理解平面机构的概念,分析机构组成、类型、运动副	20		
	操作技能	能准确绘制机构运动简图	15		
	分析计算	能计算平面机构的自由度,并由计算结果分析原动件个数	25		
素质能力	参与程度	认真参加活动,积极思考,主动与同学、老师进行交流,善于发现和解决问题	20		
	合作意识	积极参与探讨,勇于接受任务,敢于承担责任	10		
	辩证意识	能够辩证地看待一些现象或事物	10		
总分			100		

项目巩固训练

一、填空题

1. 运动副是使两构件_____，同时又具有_____的一种连接。运动副可分为_____和_____。

2. 机构处于压力角 $\alpha=$_____时的位置，称为机构的死点位置。曲柄摇杆机构，当曲柄为原动件时，机构_____死点位置，而当摇杆为原动件时，机构_____死点位置。

3. 两构件通过_____或_____接触组成的运动副称为高副，通过_____接触组成的运动副称为低副。

4. 铰链四杆机构的三种基本形式为_____、_____和双摇杆机构。

5. 脚踏缝纫机属于_____机构，飞机起落架是利用平面机构的_____特性。

6. 在铰链四杆机构中，与机架相连的杆称为_____，其中做整周转动的杆称为_____，做往复摆动的杆称为_____，而不与机架相连的杆称为_____。

7. 铰链四杆机构可演化为_____、_____、_____和定块机构四种类型。

8. 铰链四杆机构中，传动角 γ 越大，机构传力性能越_____。

二、选择题

1. 若机构由 n 个活动构件组成，则机构自由度为（　　）。
   A. $>3n$　　　　B. $=3n$　　　　C. $<3n$

2. 当曲柄为原动件时，下述（　　）机构具有急回特性。
   A. 平行双曲柄　　B. 对心曲柄滑块　　C. 摆动导杆

3. 在曲柄摇杆机构中，为提高机构的传力性能，应该（　　）。
   A. 增大传动角 γ　　　　　　B. 减小传动角 γ
   C. 增大压力角 α　　　　　　D. 减小极位夹角 θ

4. 在平面四杆机构中，当满足杆长条件时，若最短杆为机架时，则可获得（　　）。
   A. 曲柄摇杆机构　　　　　　B. 导杆机构
   C. 双摇杆机构　　　　　　　D. 双曲柄机构

5. 若平面四杆机构中存在急回特性，则其行程速比系数（　　）。
   A. $K>1$　　　　　　B. $K=1$
   C. $K<1$　　　　　　D. $K=0$

三、简答题

1. 什么是运动副？运动副有哪些类型？

2. 什么是四杆机构的急回特性？

3. 如何正确对待铰链四杆机构的"死点"现象？

四、计算题

1. 已知四杆机构中各构件长度 $l_{AB}=55$ mm，$l_{BC}=40$ mm，$l_{CD}=50$ mm，$l_{AD}=25$ mm。

   （1）列出连架杆存在曲柄的条件。

   （2）哪个构件固定可以获得曲柄摇杆机构？哪个构件固定可以获得双摇杆机构？哪个构件固定可以获得双曲柄机构？

2. 铰链四杆机构中各构件的长度如图 2-47 所示，试问，分别以 a、b、c、d 为机架时，得到什么机构？

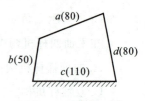

图 2-47 计算题 2 图

3.计算图2-48所示窗户开闭机构的自由度。

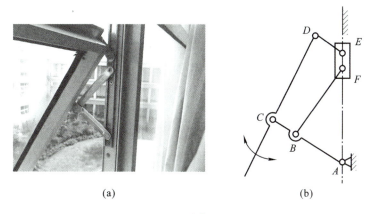

图 2-48　计算题 3 图

4.分析计算图2-49所示机构的自由度。

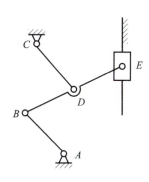

图 2-49　计算题 4 图

5.计算图2-50所示机构的自由度。

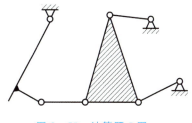

图 2-50　计算题 5 图

6. 计算图 2-51 所示机构的自由度。

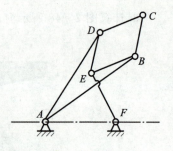

图 2-51　计算题 6 图

7. 分别计算图 2-52 所示机构的自由度。(若存在复合铰链、局部自由度或虚约束,请指明。)

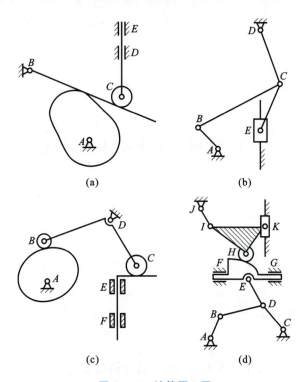

图 2-52　计算题 7 图

项目 3　凸轮机构

项目目标

【知识目标】

1. 掌握常见凸轮机构的应用及分类；
2. 掌握凸轮机构的运动规律和压力角；
3. 了解凸轮轮廓曲线的绘制；
4. 能够分析简单凸轮机构的运动。

【能力目标】

1. 学会分析凸轮机构的传动过程；
2. 学会分析凸轮机构的运动规律。

【素质目标】

1. 培养创新思维和创新能力；
2. 弘扬理论联系实际、知行合一的优良作风。

项目描述

小轩是一名高一学生，今天穿上心爱的篮球鞋，打了一场痛快淋漓的篮球赛，打完球休息时发现，鞋后跟有个地方开胶了。他走到校门口修鞋阿姨那里去修鞋，阿姨说："这个问题不大，我用钉鞋机给你钉几针就好了。"于是，小轩第一次认识了图 3-1 所示的钉鞋机。

图 3-1　钉鞋机

钉鞋机

钉鞋机是我们生活中常见的一种加工机器，那它是如何进行工作的呢？

项目分析

钉鞋机是一种常见的平面运动机构，它通过转动手轮来驱动凸轮机构进行传动，将凸轮的旋转运动转化为针头的上下直线往复运动。本项目以钉鞋机作为项目载体，介绍凸轮机构的组成、特点、分类、传动原理及其从动件运动规律。为达成本项目学习目标，需要完成如下学习任务：

知识链接 3.1　凸轮机构的应用及分类

一、凸轮机构概述

在生产实际中，特别是自动化、半自动化机器中及生产流水线上，为了实现某些特殊的或复杂的运动规律，常常采用凸轮机构。

1. 凸轮机构的组成

凸轮机构由凸轮、从动件（推杆）和机架等构件组成，如图3-2所示。从动件与凸轮轮廓为高副接触传动，因此从理论上讲可以使从动件获得所需要的任意的预期运动。凸轮机构能将主动件的连续等速运动变为从动件的往复变速运动或间歇运动。

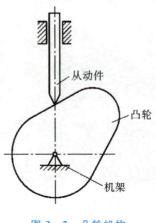

图3-2　凸轮机构

2. 凸轮机构的特点

(1) 与连杆机构相比,凸轮机构只需设计适当的凸轮轮廓,便可使从动件得到所需的运动规律。

(2) 凸轮机构结构简单、紧凑、设计方便。

(3) 凸轮轮廓与从动件之间为点接触或线接触,容易磨损;高精度凸轮机构制造比较困难;多数凸轮机构在工作时会承受一定的冲击,因此通常要求凸轮和从动件的工作表面具有高硬度、高耐磨性及高接触强度,同时心部具有良好的韧性。

3. 凸轮机构的应用

在自动机械、自动控制装置和装配生产线中,凸轮机构的应用非常广泛。

图3-3所示的内燃机配气机构中,凸轮在曲轴的带动下做匀速转动,通过顶杆推动气阀按预期规律上下运动,从而实现气门的正确开闭。

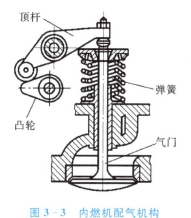

图3-3 内燃机配气机构

图3-4所示为送料机构,同样通过周向凹槽带动推杆按预期规律摆动,实现坯料的推送工作。

图3-4 送料机构

送料机构

图3-5所示为绕线机引线机构,该机构将凸轮的旋转转化为绕线杆的往复摆动运动。

图3-5 绕线机引线机构

图3-6所示为机床自动进给机构,圆柱凸轮做匀速转动时,通过周向凹槽带动推杆按预期规律摆动,再利用齿轮和齿条啮合实现进刀和退刀。

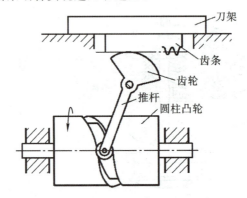

图3-6 机床自动进给机构

图3-7所示为靠模切削加工机构,移动凸轮做往复直线运动,推动滚子及刀架做上下和左右往复运动,实现刀具的纵向和横向进给。

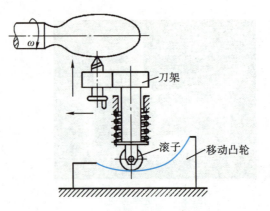

图3-7 靠模切削加工机构

靠模切削加工机构

凸轮机构之所以得到如此广泛的应用,主要是因为凸轮机构结构简单、紧凑,只要适当地设计凸轮的轮廓曲线,就可以使从动件(推杆)得到各种预期的运动规律。但是,由于凸轮机构中从动件与凸轮之间多为点接触或线接触,容易磨损,因此凸轮机构多用于传力不大的场合。

二、凸轮机构的分类

1. 按凸轮形状进行分类

根据凸轮形状的不同,凸轮机构可分为盘形凸轮机构、移动凸轮机构和圆柱凸轮机构等三类,如图3-8所示。

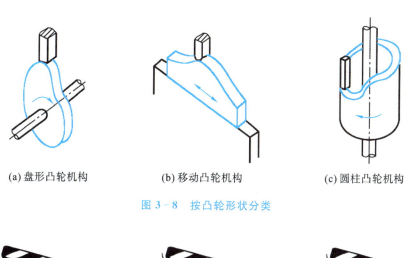

(a) 盘形凸轮机构　　　(b) 移动凸轮机构　　　(c) 圆柱凸轮机构

图3-8　按凸轮形状分类

盘形凸轮机构　　　　　移动凸轮机构　　　　　圆柱凸轮机构

(1) 盘形凸轮机构:凸轮为盘状,能绕固定轴转动且径向尺寸不断变化,如图3-8(a)、图3-2、图3-3和图3-5所示。盘形凸轮机构是一种平面凸轮机构,当它工作时,凸轮可推动从动件在垂直于凸轮固定轴的平面内运动。盘形凸轮机构结构简单,应用十分广泛。

(2) 移动凸轮机构:凸轮为板状,可看作是回转中心无穷远的盘形凸轮,如图3-8(b)和图3-7所示。移动凸轮机构也是一种平面凸轮机构,当它工作时,凸轮做直线往复运动,可推动从动件相对于机架做直线运动。

(3) 圆柱凸轮机构:凸轮相当于首尾相接卷成圆柱形的移动凸轮,其轮廓曲线位于圆柱面上,如图 3-8(c)、图 3-4 和图 3-6 所示。与盘形凸轮机构和移动凸轮机构不同,圆柱凸轮机构工作时,从动件与凸轮之间将产生空间相对运动,因此它是一种空间凸轮机构。

2. 按从动件形状和运动方式进行分类

根据从动件形状的不同,凸轮机构可分为尖顶从动件凸轮机构、滚子从动件凸轮机构和平底从动件凸轮机构等三类。根据从动件运动形式的不同,凸轮机构可分为移动式和摆动式。

(1)尖顶从动件凸轮机构:顶部尖锐,能够与各种轮廓形状的凸轮保持接触,可实现任意规律的运动,如图 3-9(a)所示。由于尖顶容易磨损,因此该凸轮机构通常用于低速运动、载荷较小的场合。

(2)滚子从动件凸轮机构:从动件的顶端通过滚子与凸轮接触,如图 3-9(b)所示。由于滚子与凸轮之间为滚动摩擦,磨损小、承载能力强,因此该凸轮机构多用于载荷较大的场合。

(3)平底从动件凸轮机构:从动件与凸轮之间通过平板接触,如图 3-9(c)所示。由于平板与凸轮的接触面容易形成油膜,润滑条件较好,因此该凸轮机构适用于高速运动的场合。

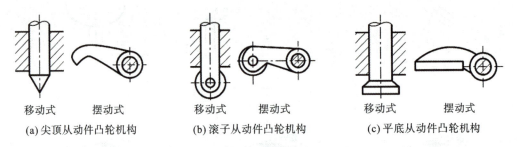

图 3-9 按从动件形状和运动方式进行分类

知识链接 3.2 凸轮机构的运动规律

一、凸轮机构的运动过程

如图 3-10(a)所示,凸轮机构的从动件在图示位置 A 时距离凸轮轮心 O 最近,称为起始位置。以凸轮最小向径为半径所作的圆称为凸轮的基圆,其半径用 r_b 表示。从动件从距凸轮基圆圆心 O 最近的位置 A 到最远的位置 B' 之间的距离称为升程,用 h 表示。

为形象直观地表示从动件的运动过程,以凸轮转过的角度 δ 作为横坐标,以从动件的位移 s、速度 v 或加速度 a 等参数作为纵坐标,即可绘制凸轮机构的运动线图,如图 3-10(b)所示。

运动线图直观地反映了从动件的位移变化规律,是凸轮轮廓设计的重要依据。

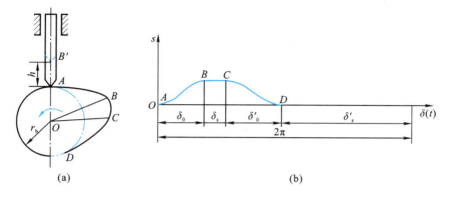

图 3-10 凸轮机构的运动过程

凸轮机构的运动过程一般包括推程、远休止、回程和近休止四个阶段。

(1)推程:凸轮按逆时针方向以等角速度 ω 转过角度 δ_0,从动件被凸轮从最低点 A 推动到最高点 B',这一过程称为推程。角度 δ_0 称为推程运动角。

(2)远休止:凸轮继续转过角度 δ_s 的过程中,从动件一直停在最高点 B' 不动,并与凸轮的圆弧段 BC 连续接触,该过程称为远休止。角度 δ_s 称为远休止角。

(3)回程:凸轮继续转过角度 δ'_0,从动件在重力或弹簧弹力的作用下,从最高点 B' 返回最低点 A,该过程称为回程。角度 δ'_0 称为回程运动角。

(4)近休止:凸轮继续转过角度 δ'_s,从动件一直停在最低点 A,并与凸轮的圆弧段 DA 保持接触,该过程称为近休止。角度 δ'_s 称为近休止角。

二、从动件的运动规律

从动件的运动规律是指在凸轮机构的运动过程中,从动件的位移 s、速度 v 和加速度 a 随时间 t 而变化的规律。

凸轮从动件常用的运动规律有等速运动规律、等加速等减速运动规律和余弦加速运动规律等三种。

1. 等速运动规律

等速运动规律的特点是凸轮匀速转动时,从动件在推程或回程的运动速度保持不变,其运动线图如图 3-11 所示。其中,位移图线($s-\delta$)为斜直线,速度图线($v-\delta$)为水平直线,加速度图线($a-\delta$)为零。

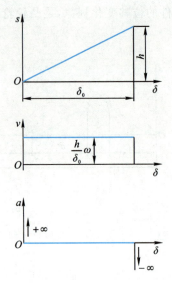

图 3-11 等速运动规律

由图 3-11 可知，符合等速运动规律的从动件，在推程的开始点和回程的结束点，其速度 v 会发生突变，加速度 a 为无穷大，此时产生的惯性力在理论上趋于无穷大，凸轮机构将承受强烈的冲击，这种冲击称为**刚性冲击**。因此，等速运动规律仅适用于低速、轻载的凸轮机构。

2. 等加速等减速运动规律

等加速等减速运动规律的特点是从动件在推程的前半程做等加速运动，后半程做等减速运动，且两阶段加速度的绝对值相等，其运动图线如图 3-12 所示。

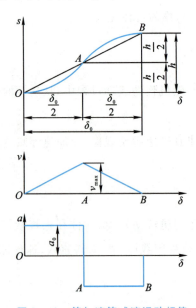

图 3-12 等加速等减速运动规律

由图 3-12 可知，符合等加速等减速运动规律的从动件，在运动的起点 O、中点 A、终点 B 三处的速度发生有限突变，即加速度为有限值，引起的冲击较为平缓。此时，凸轮机构受到的冲击称为**柔性冲击**。因此，等加速等减速运动规律不适用于高速凸轮机构，仅适用于中低速凸轮机构。

3. 余弦加速运动规律

余弦加速运动规律的特点是从动件在整个运动过程中的加速度曲线为余弦曲线，其运动图线如图 3-13 所示。

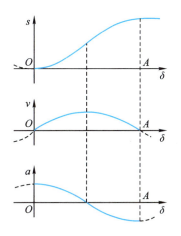

图 3-13　余弦加速运动规律

由图 3-13 可知，符合余弦加速运动规律的从动件，当其在整个运动过程中存在休止状态时，其运动的加速度在运动开始和终止时会发生突变，凸轮机构会受到柔性冲击，此时余弦加速运动规律只适用于中速凸轮机构。但当从动件在整个运动过程中没有休止状态时，其运动的加速度曲线可保持连续，能够避免冲击，此时余弦加速运动规律可用于高速凸轮机构。

三、凸轮机构的压力角

凸轮机构工作时，凸轮对从动件的法向力 F_n 与作用点的速度 v 方向之间所夹的锐角称为凸轮机构的压力角，用 α 表示，如图 3-14 所示。当不计摩擦时，可将 F_n 分解为沿从动件运动方向的分力 F_1 和垂直于运动方向的分力 F_2，其大小分别为

$$F_1 = F_n \cos\alpha \tag{2-5}$$

$$F_2 = F_n \sin\alpha \tag{2-6}$$

由图 3-14 可知，F_1 为推动从动件运动的力，称为有效分力；F_2 为增加从动件与移动导路之间摩擦阻力的力，称为有害分力。

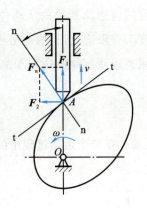

图 3-14 凸轮压力角

由式(2-6)可知,当 F_n 一定时,压力角 α 越大,有害分力 F_2 越大,凸轮机构的工作表面磨损越严重,传动效率越低;当压力角达到一定值时,凸轮机构将出现自锁现象。因此,压力角 α 是衡量凸轮机构传动性能的重要参数。

工程中,为了保证凸轮机构具有良好的传动效率,在设计时通常规定某一许用压力角[α],使得凸轮机构的最大压力角 $α_{max}$<[α]。一般情况下,在推程时,移动式从动件的许用压力角 [α]=30°,摆动式从动件的许用压力角[α]=35°~45°。

知识链接 3.3　常见盘形凸轮轮廓曲线的绘制

根据工作条件要求,选定了凸轮机构的类型、凸轮转向、凸轮的基圆半径和从动件的运动规律后,就可以进行凸轮轮廓曲线的设计。凸轮轮廓曲线的设计有图解法和解析法。图解法简便易行、直观,但作图误差大,精度较低,适用于低速或对从动件运动规律要求不高的一般精度凸轮的设计;解析法通过列出凸轮轮廓曲线的方程式,借助计算机精确地设计凸轮轮廓,适用于精度要求高的高速凸轮和靠模凸轮等的设计。本书以图解法为例介绍凸轮轮廓的设计方法。

一、反转法原理

当凸轮机构工作时,凸轮是运动的,而绘制凸轮轮廓曲线时,却需要凸轮与图纸相对静止。因此,用图解法绘制凸轮轮廓曲线要利用反转法原理,如图 3-15 所示。

当凸轮以等角速度 ω 逆时针转动时,从动件将在导轨内完成预定的运动。根据相对运动原理,如果给整个机构附加一个绕凸轮轴心 O 的公共角速度 -ω,机构各构件间的相对运动不变,凸轮将静止不动,而从动件一方面随机架和导轨以角速度 -ω 绕 O 点转动,另一方面又在导路中按原来的运动规律往复移动。在从动件的这种复合运动中,由于尖顶始终与凸轮轮廓相接触,因此其尖顶的运动轨迹就是凸轮轮廓曲线。

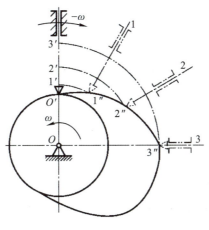

图 3-15 反转法原理

二、常见盘形凸轮轮廓曲线的绘制

1. 顶尖从动件盘形凸轮

图 3-16(a)所示为尖顶从动件盘形凸轮机构。已知从动件位移线如图 3-16(b)所示,凸轮的基圆半径为 r_b,凸轮以等角速度 ω 按逆时针方向旋转,该凸轮轮廓曲线的绘制步骤如下。

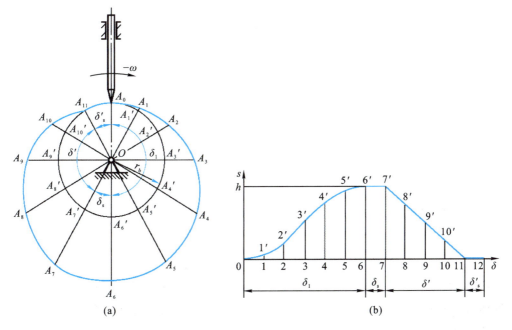

图 3-16 尖顶从动件盘形凸轮机构

(1) 选择与位移图线中凸轮升程 h 相同的长度比例尺,以 r_b 为半径绘制基圆。此基圆与导路的交点 A_0 便是从动件尖顶的起始位置。

(2) 自 OA_0 以 $-\omega$ 方向取角度 $\delta_1, \delta_s, \delta', \delta'_s$,将它们分别分为与位移曲线上图 3-16(b) 相对应的若干等份,可得基圆上的相应分点 $A'_1, A'_2, A'_3, \cdots$,连接 $OA'_1, OA'_2, OA'_3, \cdots$。

(3) 量取各个位移量,使 $A_1A'_1 = 11', A_2A'_2 = 22', A_3A'_3 = 33', \cdots$,可得尖顶的一系列位置 $A_1, A_2, A_3, \cdots$。

(4) 将 $A_0, A_1, A_2, A_3, \cdots$ 连成一条光滑的曲线,便得到所要求的凸轮轮廓曲线。

2. 滚子从动件盘形凸轮

图 3-17 所示为滚子从动件盘形凸轮机构,其凸轮轮廓可按如下方法绘制:

首先,把滚子中心看作尖顶从动件的尖顶,按上述方法求出一条轮廓曲线 β_0;

其次,以 β_0 上各点为中心,以滚子半径为半径绘制一系列圆;

最后绘制这些圆的包络线 β,它便是使用滚子从动件时凸轮的实际轮廓曲线,而 β_0 称为该凸轮的理论轮廓曲线。

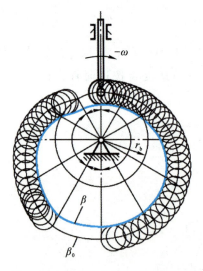

图 3-17 滚子从动件盘形凸轮机构

由上述绘图过程可知,滚子从动件盘形凸轮的基圆半径应该在其理论轮廓曲线上度量。

三、凸轮设计的注意事项

设计凸轮机构时,不仅要保证从动件实现预定的运动规律,还要求传动时受力良好、结构紧凑。选择凸轮滚子半径时,应考虑其对凸轮机构运动规律的影响。基圆半径和压力角也是凸轮轮廓设计时必须考虑的重要参数,它们对凸轮机构尺寸、受力、磨损和效率都有重要的影响。

1. 滚子半径的选择

对于滚子式从动件凸轮机构,如果滚子半径选择不当,从动件的运动规律将与设计预期的运动规律不一致,称为**运动失真**。对于凸轮机构来说,这是不允许的。

滚子半径的选择要考虑机构的空间要求,滚子的结构、强度及凸轮轮廓的形状等诸多因素。从减小滚子尺寸和从动件的接触应力及提高滚子强度等因素考虑,滚子半径取得大些为好;但滚子半径的大小对凸轮的实际轮廓有影响,如果选择不当,从动件会出现运动失真。因此滚子半径的选择要考虑多种因素的限制。

图 3-18(a)所示为内凹的凸轮轮廓曲线,a 为实际轮廓线,b 为理论轮廓线。实际轮廓线的曲率半径 ρ_a 等于理论轮廓线的曲率半径 ρ 与滚子半径 r_T 之和,即 $\rho_a = \rho + r_T$。这样,无论滚子半径大小如何,实际轮廓线总是可以根据理论轮廓线作出来。

而对于外凸的凸轮轮廓曲线,如图 3-18(b)所示,由于 $\rho_a = \rho - r_T$,故当 $\rho > r_T$ 时,$\rho_a > 0$,实际轮廓线可以正常作出,凸轮能正常工作;当 $\rho_a = r_T$ 时,$\rho_a = 0$,实际轮廓线出现尖点,如图 3-18(c)所示,极易磨损,设计时应避免;当 $\rho_a < r_T$ 时,$\rho_a < 0$,如图 3-18(d)所示,实际轮廓线相交,阴影部分在加工时将被切去,使从动件无法实现预期的运动规律,出现运动失真。

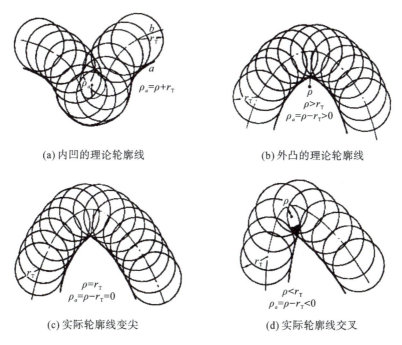

图 3-18 滚子半径的确定

为了保证滚子式从动件凸轮机构不出现运动失真,设计时应保证理论轮廓的最小曲率半径 $\rho_{min} > r_T$,一般推荐取 $r_T < 0.8\rho_{min}$。此外,滚子半径的选择还受到结构、强度等因素限制,因而不能取得太小。设计时,常取 $r_T = (0.1 \sim 0.5)r_b$,其中 r_b 为凸轮基圆半径。

2. 基圆

凸轮基圆的大小直接影响到凸轮机构的尺寸,更重要的是凸轮基圆半径与凸轮机构的受力状况及压力角的大小直接有关。通过分析得出,在相同运动规律条件下,基圆半径 r_b 越大,凸轮机构的压力角就越小,其传力性能越好。因此,从传力性能考虑,应选较大的基圆半径。但是,r_b 越大,机构所占空间就越大。为了兼顾传力性能和结构紧凑两方面要求,应适当选择 r_b 的大小,为此,可结合 $\alpha_{max} \leqslant [\alpha]$ 选择。

学习心得

通过本项目的学习,我们了解到凸轮机构的多种类型,这些五花八门、应用于多个领域的凸轮机构,倾注了大量科研人员的心血与智慧。作为新时代青年,应该树立创新意识,培养创新思维,提高创新能力,为祖国的繁荣强盛贡献自己的力量。

创新是第一动力

党的二十大报告提出,必须坚持"创新是第一动力","坚持创新在我国现代化建设全局中的核心地位"。把握发展的时与势,有效应对前进道路上的重大挑战,提高发展的安全性,都需要把发展基点放在创新上。只有坚持创新是第一动力,才能推动我国实现高质量发展,塑造我国国际合作和竞争新优势。为此,要让创新贯穿党和国家一切工作,让全面创新真正成为加快社会主义现代化建设、实现中华民族伟大复兴的强大动力。

创新是一个国家、一个民族发展进步的不竭动力,是推动人类社会进步的重要力量。世界经济发展史表明,一个国家率先成为世界科学中心和创新高地,就能快速实现现代化,跻身于世界强国之林。而一些传统强国衰落,与其失去或缺乏创新精神和创新能力密切相关。本世纪以来,全球科技创新进入空前密集活跃期,新一轮科技革命和产业变革突飞猛进,全球经济结构正在重塑,各主要国家纷纷把科技创新作为国际战略博弈的主战场。在激烈的国际竞争中,惟创新者进,惟创新者强,惟创新者胜。抓创新就是抓发展,谋创新就是谋未来。党的二十大报告对完善科技创新体系、加快实施创新驱动发展战略进行具体部署,体现了我们党对历史发展规律和当今国际竞争形势的深刻把握,展现了我们党赢得优势、赢得主动、赢得未来的信心和决心。

党的十八大以来,以习近平同志为核心的党中央高度重视创新,全面推进创新。习近平总书记围绕实施创新驱动发展战略、加快推进以科技创新为核心的全面创新等,提出了一系列新思想新论断新要求。我国重大科技创新成果竞相涌现,科技自立自强迈出坚实步伐,全社会创新创造的动力和活力充分释放。世界知识产权组织发布的《2022年全球创新指数报告》显示,中国位列第十一位,较2012年上升23位,实现连续10年稳步提升。中国已跻身创新型国家行列。

然而，我们也要清醒认识到，关键核心技术存在短板、产品附加值偏低、产业链供应链韧性不足等问题仍然是我国实现高质量发展的主要制约因素。实现中国式现代化的艰巨性和复杂性前所未有，迫切需要发挥创新激励经济增长的乘数效应，把高水平科技自立自强作为国家发展的战略支撑，依靠创新加速开辟发展新领域新赛道、不断塑造发展新动能新优势，持续向全球价值链中高端攀升。

创新是多方面的，包括理论创新、制度创新、科技创新、文化创新等。坚持创新在我国现代化建设全局中的核心地位，既要重视科技创新，也要重视与生产关系有关的制度创新，还要重视理论创新、文化创新等，全面发挥创新的第一动力作用。党的二十大报告提出："完善党中央对科技工作统一领导的体制"。要进一步将党的领导落实到创新发展的制度安排、能力建设等各方面各环节，不断健全新型举国体制。深化科技体制改革，坚持科技创新和制度创新"双轮驱动"，着力解决谁来创新、如何激发创新动力等问题。完善科研经费管理、科技成果转化、科技人才评价等方面的体制机制，不断优化创新人才发展环境，提升创新人才服务水平。强化企业科技创新主体地位，更好把科技力量转化为产业竞争优势。

自主创新是我们攀登世界科技高峰的必由之路。基础研究、原始创新和关键核心技术攻关是艰苦复杂的创造性劳动。要增强创新自信，坚定不移走中国特色自主创新道路，发扬敢于斗争、敢于胜利的精神，增强自主创新的志气和骨气。要把握大势、抢占先机，直面问题、迎难而上，瞄准世界科技前沿和国家重大需求，敢于走前人没走过的路，努力突破"卡脖子"关键核心技术，着力解决一批影响和制约国家发展全局和长远利益的重大科技问题，更多实现原始性引领性创新，在实现高水平科技自立自强上不断取得新的进展。

引自《人民日报》

项目实施

项目名称	凸轮机构	日期	
项目知识点总结	本项目以钉鞋机为学习载体,主要学习了凸轮机构的组成、分类传动原理及应用。通过本项目的学习,能够掌握凸轮机构的传动原理及应用,掌握简单的凸轮机构轮廓设计方法,为学习后续有关知识、解决工程问题打好基础。		
项目实施	步骤一:认识凸轮机构(图3-2)的组成及传动过程。 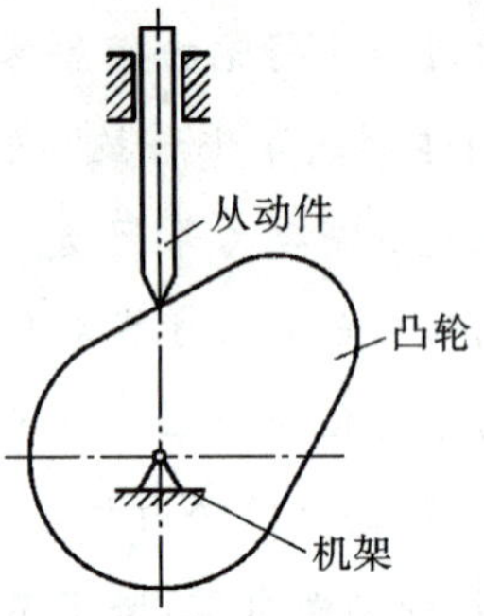 图3-2 凸轮机构 步骤二:了解凸轮机构的分类,如图3-8和图3-9所示。 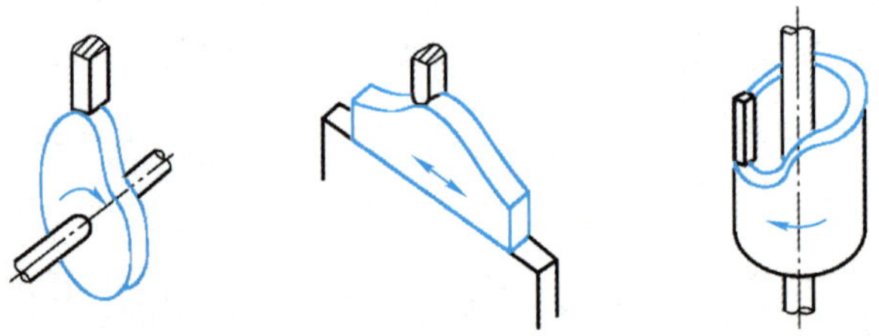 (a) 盘形凸轮机构　　(b) 移动凸轮机构　　(c) 圆柱凸轮机构 图3-8 按凸轮形状分类 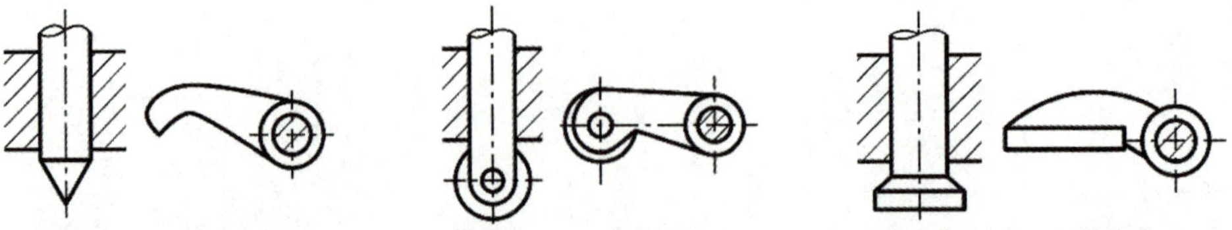 移动式　摆动式　　　　移动式　摆动式　　　　移动式　摆动式 (a) 尖顶从动件凸轮机构　(b) 滚子从动件凸轮机构　(c) 平底从动件凸轮机构 图3-9 按从动件形状和运动方式进行分类		

项目3 凸轮机构

步骤三：凸轮机构的应用，如图3-4—图3-7所示。

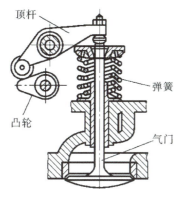

图3-3 内燃机配气机构

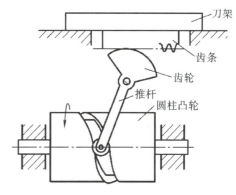

图3-6 机床自动进给机构

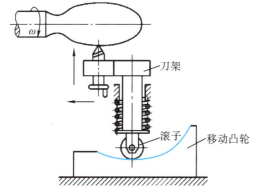

图3-7 靠模切削加工机构

图3-5 绕线机引线机构

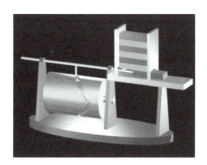

图3-4 送料机构

步骤四：凸轮从动件运动规律，如图 3-11—图 3-13 所示。

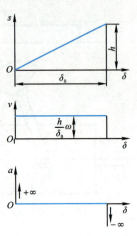

图 3-11 等速运动规律

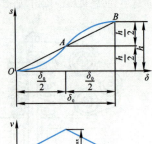

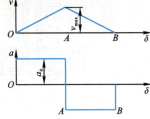

图 3-12 等加速等减速运动规律

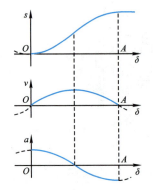

图 3-13 余弦加速运动规律

步骤五：凸轮轮廓曲线的绘制。反转法原理如图 3-15 所示。

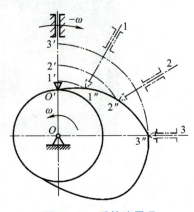

图 3-15 反转法原理

项目3 凸轮机构

项目拓展训练

项目名称	凸轮机构			日期	
组长：	班级：		小组成员：		

项目知识点总结	

任务描述	已知基圆半径 $r_0 = 25$ mm，偏心距 $e = 5$ mm，以角速度 ω 顺时针转动，推程为 $h = 12$ mm。其运动规律如下表所示。设计偏心尖顶直动从动件盘形凸轮轮廓。

凸轮转角 $\varphi/(°)$	0～180	180～210	210～300	300～360
运动规律	等加等减速上升	休止	等速下降	休止

任务分析	

任务实施步骤	

遇到的问题及解决办法	

项目评价

以 5~6 人为一组,选出组长并进行任务分工,各组组长展示任务完成情况,并完成考核评价表。

考核评价表

评价项目		评价标准	满分	小组打分	教师打分
专业能力	基础掌握	能准确理解类型的判断依据	20		
	操作技能	能准确绘制凸轮轮廓曲线图	15		
	分析计算	能够分析凸轮机构的传动原理	25		
素质能力	参与程度	认真参加活动,积极思考,主动与同学、老师进行交流,善于发现和解决问题	20		
	创新意识、创新思维	积极参与探讨,勇于表达自己的看法,具有创新思维	10		
	知行合一	弘扬理论联系实际、知行合一的优良作风	10		
总分			100		

项目巩固训练

一、填空题

1. 按凸轮的形状不同,凸轮可分为_____、_____和移动凸轮三类。
2. 凸轮机构是由_____、_____和_____三个基本构件组成的_____机构。
3. 凸轮是一个具有_____的构件,一般为_____,做_____运动或_____运动。
4. 凸轮机构的基本特点在于能使从动件获得_____的运动规律,从动件的运动规律取决于凸轮_____。
5. 按从动杆的运动方式分,凸轮机构有_____和_____。
6. 按从动杆的端部结构形式分,有_____从动件凸轮机构、_____从动件凸轮机构、_____从动件凸轮机构。
7. 尖顶从动杆凸轮机构构造_____、动作_____,但容易_____,适用于_____、_____和动作_____等场合。
8. 在运动副中,凸轮与从动件的接触属于_____副。
9. _____在凸轮机构中一般为主动件。
10. 以凸轮的_____半径所作的圆称为基圆。
11. 仪表中应用_____式从动件凸轮机构。
12. 当盘形凸轮匀速转动,而凸轮_____没有变化时,从动杆停歇。
13. 凸轮机构中从动杆锁合方式有外力锁合和_____锁合。
14. 尖顶式从动杆多用于传力_____、速度较_____及传动灵敏的场合。

二、选择题

1. 凸轮轮廓和从动件之间的可动连接是( )。
   A. 移动副   B. 高副
   C. 转动副   D. 可能是高副也可能是低副
2. 凸轮机构通常由( )组成。
   A. 主动件、凸轮、机架   B. 主动件、从动件、机架
   C. 从动件、凸轮、机架   D. 主动件、从动件、凸轮
3. 与平面连杆机构相比,凸轮机构的突出优点是( )。
   A. 能严格地实现从动件的运动规律   B. 能实现间歇运动
   C. 能实现多种运动形式的转换   D. 传力性能好

4. 凸轮轮廓和从动件之间的可动连接是(　　)。
   A. 移动副　　　　　　　　　　　　B. 高副
   C. 转动副　　　　　　　　　　　　D. 可能是高副也可能是低副
5. 有关凸轮机构的论述,正确的是(　　)。
   A. 凸轮机构是高副机构　　　　　　B. 不可用于运动规律要求严格的场合
   C. 不能用于高速起动　　　　　　　D. 从动件只能做移动运动
6. 在原动件匀速运动条件下,要使从动件按动—停—动规律运动,应选用(　　)机构。
   A. 连杆机构　　　　B. 凸轮机构　　　　C. 齿轮机构
7. 在中等载荷,中等速度下运转的凸轮机构,其从动件末端的结构应为(　　)。
   A. 尖端　　　　　　B. 滚子　　　　　　C. 平底
8. 为了使凸轮机构的冲击量减少,其从动件的运动规律应选用(　　)运动规律。
   A. 等速　　　　　　B. 简谐　　　　　　C. 等加减等减速
9. 凸轮机构中,从动件在推程时按等速运动规律上升时,在(　　)发生刚性冲击。
   A. 推程开始点　　　B. 推程结束点　　　C. 推程开始点和推程结束点
10. 在凸轮机构中,按等加速等减速运动规律运动的从动件将受到(　　)冲击。
    A. 刚性　　　　　　B. 柔性　　　　　　C. 无　　　　　　　D. 以上都不对
11. 滚子从动件盘形凸轮在运转过程中,压力角(　　)。
    A. 恒等于0°　　　　B. 是变化的　　　　C. 是不为0的常数　　D. ≥90°
12. 设计滚子从动件盘形凸轮机构时,在工作行程中,选择(　　)方案可减小压力角。
    A. 减小基圆半径　　　　　　　　　B. 增大基圆半径
    C. 减小滚子半径　　　　　　　　　D. 增大滚子半径
13. 在从动件的运动规律不变的情况下,若缩小凸轮基圆半径,则压力角(　　)。
    A. 保持不变　　　　B. 增大　　　　　　C. 减小　　　　　　D. 为零
14. 内燃机配气机构采用的是(　　)机构。
    A. 棘轮　　　　　　B. 槽轮　　　　　　C. 齿轮　　　　　　D. 凸轮
15. 凸轮机构中,只适用于受力不大的低速场合且极易磨损的是(　　)。
    A. 尖顶从动件　　　B. 滚子从动件　　　C. 平底从动件　　　D. 球面底从动件
16. 在凸轮机构的从动件基本类型中,(　　)从动件可准确地实现任意的运动规律。
    A. 尖顶　　　　　　B. 滚子　　　　　　C. 平底　　　　　　D. 曲柄
17. 组成凸轮机构的基本构件有(　　)个。
    A. 2　　　　　　　 B. 3　　　　　　　 C. 4
18. 属于空间凸轮机构的是(　　)。
    A. 盘形凸轮　　　　B. 移动凸轮　　　　C. 圆柱凸轮

19. 自动车床横刀架进给机构采用的凸轮机构是（　　）
   A. 圆柱凸轮机构　　　　　　　　B. 移动凸轮机构
   C. 盘形凸轮机构　　　　　　　　D. 球面凸轮机构

三、判断题

1. 凸轮机构是低副机构。（　　）
2. 一个凸轮只有一种预定的运动规律。（　　）
3. 凸轮的基圆半径就是凸轮理论轮廓曲线上的最小曲率半径。（　　）
4. 从动件按等速运动规律运动时，将产生刚性冲击。（　　）
5. 为了减小冲击，应优先使用等速运动规律。（　　）
6. 凸轮机构从动件的等加速等减速运动规律，是指从动件推程作等加速运动，回程做等减速运动。（　　）
7. 按等加速等减速运动规律运动的从动件，其加速度的绝对值为常数。（　　）
8. 压力角越小，凸轮机构的传动性能越好。（　　）
9. 凸轮的基圆尺寸越大，推动从动件的有效分力也越大。（　　）
10. 压力角的大小是衡量凸轮机构传动性能好坏的重要参数。（　　）
11. 凸轮机构可以任意改变凸轮轮廓形状而获得所需从动件的运动规律。（　　）
12. 圆柱凸轮多用于从动件行程不大的场合。（　　）
13. 凸轮机构常用滚子从动件，由于它在工作中的摩擦阻力小，不易磨损，所以特别适用于高速场合。（　　）
14. 尖顶式从动件一般用于重载、动作灵敏的场合。（　　）
15. 凸轮机构是高副机构，凸轮与从动件接触处难以保持良好的润滑且易磨损。（　　）
16. 平底从动件构造及维护简单，不易润滑，多用于高速小型凸轮机构。（　　）
17. 凸轮在机构中经常是主动件。（　　）
18. 凸轮机构的从动杆，都是在垂直于凸轮轴的平面内运动的。（　　）
19. 从动杆的运动规律，就是凸轮机构的工作目的。（　　）

项目 4　间歇运动机构

项目目标

【知识目标】

1. 了解棘轮机构和槽轮机构的组成及分类；
2. 掌握棘轮机构和槽轮机构的工作原理；
3. 了解棘轮机构和槽轮机构的特点。

【能力目标】

1. 学会分析棘轮机构和槽轮机构的传动过程及传动原理；
2. 学会分析棘轮机构和槽轮机构的应用特点。

【素质目标】

1. 培养在不同情境下分析问题、解决问题的能力；
2. 培养创新设计意识。

项目描述

扫描右侧"牛头刨床棘轮机构"二维码，观察牛头刨床是如何实现工作台的往复水平移动的。牛头刨床的往复直线移动是否连续？

冰淇淋自动灌装机如图 4-1 所示，冰淇淋是如何被依次装进每个罐体中的？

牛头刨床棘轮机构

冰淇淋自动灌装机

图 4-1　冰淇淋自动灌装机

项目分析

前面学习了牛头刨床中的平面运动机构,如导杆机构和双曲柄机构,其实,在牛头刨床中还应用了间歇运动机构。在各种自动和半自动机械中,通常需要将主动件的连续转动或往复运动转换为从动件的周期性间歇运动,这种机构称为间歇运动机构。常见的间歇运动机构有棘轮机构和槽轮机构等。

为达成本项目学习目标,需要完成如下学习任务:

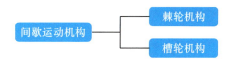

▶ 知识链接 4.1 棘轮机构

一、棘轮机构

棘轮机构是工程中常用的间歇运动机构,在自动机械和仪表中有着广泛的应用,它可将主动件的连续转动或往复运动转换成从动件的单向间歇运动。

1. 棘轮机构的组成和工作原理

图 4-2 所示为典型的棘轮机构,它主要由棘轮、主动棘爪、摇杆、机架、止回棘爪和弹簧等组成。

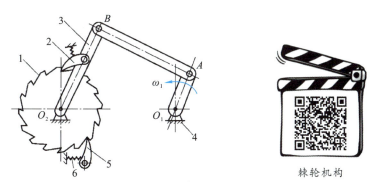

1—棘轮;2—主动棘爪;3—摇杆;4—机架;5—止回棘爪;6—弹簧。

图 4-2 棘轮机构

在图4-2所示的棘轮机构中,当摇杆逆时针摆动时,主动棘爪插入棘轮的齿槽中,并推动棘轮转过一定角度,而止回棘爪则在棘轮的齿面上滑过;当摇杆顺时针运动时,主动棘爪在棘轮的齿面上滑过,此时止回棘爪会插入棘轮的齿槽中阻止其顺时针转动。

因此,摇杆做连续往复摆动时,棘轮将做单向间歇转动。

2. 棘轮机构的分类

(1)根据止回原理不同,棘轮机构可分为齿式和摩擦式两种。

齿式棘轮机构根据棘爪位置的不同又可分为外接棘轮机构、内接棘轮机构和棘条机构,如图4-3所示。

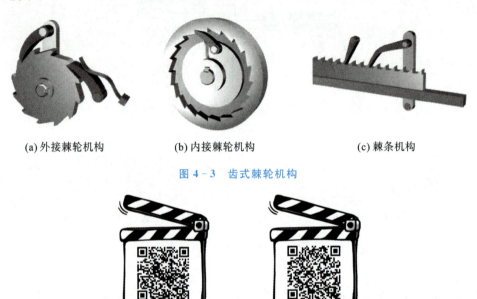

(a) 外接棘轮机构　　(b) 内接棘轮机构　　(c) 棘条机构

图4-3 齿式棘轮机构

外接棘轮机构　　内接棘轮机构

摩擦式棘轮机构可分为外摩擦式棘轮机构、内摩擦式棘轮机构和滚子内接摩擦式棘轮机构,如图4-4所示。

(a) 外摩擦式棘轮机构　　(b) 内摩擦式棘轮机构　　(c) 滚子内接摩擦式棘条机构

图4-4 摩擦式棘轮机构

(2)根据棘轮的运动形式分类,棘轮机构可分为单动式棘轮机构、双动式棘轮机构和可变向式棘轮机构三种。

单动式棘轮机构:如图4-2所示,该棘轮机构中只有一个主动棘爪,摇杆往复摆动一次,棘轮只能间歇转动一次。

双动式棘轮机构:如图4-5所示,棘轮机构中装有两个主动棘爪,摇杆往复摆动一次,两个主动棘爪分别拨动一次棘轮,使棘轮向同一方向间歇转动两次。主动棘爪的形状有钩头形和直头形两种。

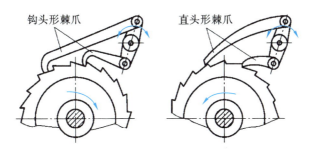

图4-5 双动式棘轮机构

可变向式棘轮机构:如图4-6(a)所示,该棘轮机构的棘轮轮齿为方形,当棘爪处于图示实线位置时,棘轮可以逆时针方向间歇运动;当棘爪处于双点画线位置时,棘轮可以顺时针方向间歇运动。图4-6(b)所示为牛头刨床进给装置中所使用的棘轮机构,当棘爪处于图示位置时,棘轮能以逆时针方向间歇运动;若将棘爪提起,绕自身轴线旋转180°后再插入棘轮齿槽中,棘轮能以顺时针方向间歇运动;若棘爪提起后绕自身轴线只转过90°后再插入棘轮齿槽中,棘爪将失去作用,棘轮静止不动。

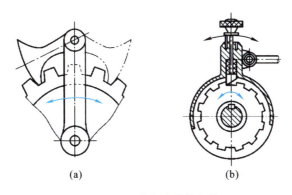

可变向式棘轮机构

图4-6 可变向式棘轮机构

3. 棘轮机构的工作特点

齿式棘轮机构具有结构简单、棘轮和棘爪制造方便、运动可靠等优点,但它的棘爪在棘轮轮齿表面滑过时会产生较大的噪声,且容易造成磨损,因此它多用于低速、轻载的间歇运动场合。

摩擦式棘轮机构具有噪声小、运动平稳、从动件转角可无级调节等特点，但工作时容易打滑，因此多用于传动精度要求不高的间歇运动场合。

4. 棘轮机构的应用

图4-7所示为汽车手刹棘轮机构，当拉动手柄时，手柄带动拉线使后轮的卡钳或指定蹄片锁紧车轮制动盘，实现刹车，而棘爪卡住棘轮使得手柄固定在相应位置不动；需要解除制动时，先按下按钮使棘爪张开，与棘轮脱离，然后放下手柄，即可解除制动。

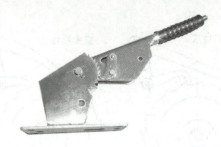

图4-7 汽车手刹棘轮机构

图4-8所示为防逆转停止器，它广泛应用于卷扬机、提升机及各种运输设备中。棘爪与棘轮的啮合使被提升的重物停留在任意所需位置，以防止因卷筒突然失去动力而造成重物下落。

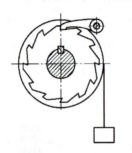 

图4-8 防逆转停止器　　　　卷扬机

▶ 知识链接4.2　槽轮机构

一、槽轮机构的组成和工作原理

1. 槽轮机构的组成

槽轮机构又称马耳他机构，主要由带有圆销的拨盘、具有若干径向槽的槽轮及机架等组成，如图4-9所示。

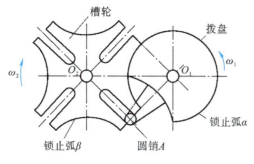

图 4-9 槽轮机构的组成

槽轮机构

2.槽轮机构的工作原理

在如图 4-9 所示的槽轮机构中,当拨盘上的圆销 A 未进入径向槽时,拨盘的锁止弧 α 与槽轮的锁止弧 β 贴合,槽轮被锁住不动;当拨盘转动使圆销 A 进入径向槽时,槽轮在圆销 A 的拨动下转动;拨盘继续转动,圆销 A 转出径向槽后,锁止弧 α 再次与槽轮的锁止弧 β 贴合,槽轮再次被锁住不动。拨盘转动 1 圈,槽轮将转动 1/4 圈。拨盘连续匀速运动,槽轮将重复上述过程而做间歇运动。

二、槽轮机构的分类

根据圆销与槽轮啮合位置的不同,槽轮机构可分为外槽轮机构和内槽轮机构两种类型。

(1)图 4-10(a)所示为外槽轮机构,其拨盘与槽轮的转向相反;

(2)图 4-10(b)所示为内槽轮机构,其拨盘与槽轮的转向相同。

(a)外槽轮机构　　　　　　　　　　　(b)内槽轮机构

图 4-10 槽轮机构的分类

外槽轮机构　　　　　　　内槽轮机构

三、槽轮机构的工作特点和应用

(1)槽轮机构的工作特点:槽轮机构具有结构简单、传动可靠、工作效率高等特点。

(2)槽轮机构的应用:槽轮机构常用于低速、定转角的间歇运动机构场合。

图4-11所示为数控加工中心自动换刀机构。其中,槽轮与刀架同轴,刀架上安装有4把不同的刀具,拨盘每转动1圈,槽轮转动1/4圈并带动刀具转过90°,即可实现一次换刀动作。

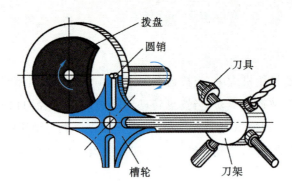

图4-11　数控加工中心自动换刀机构

图4-12所示为电影放映机的卷片机构。

图4-12　电影放映机卷片机构

项目4　间歇运动机构

项目 实施

项目名称	间歇运动机构	日期	
项目知识点总结	本项目以牛头刨床棘轮机构和冰淇淋自动灌装机为学习载体，主要学习了棘轮机构和槽轮机构的组成、特点、传动原理和应用等内容。通过本项目的学习，能够掌握间歇运动机构相关知识与技能，会识别并分析机器中棘轮机构和槽轮机构的工作原理及应用特点，并尝试进行简单的机械产品创新设计。			
项目实施	步骤一：认识棘轮机构（图4-2），认识棘轮机构的组成、传动原理及应用。 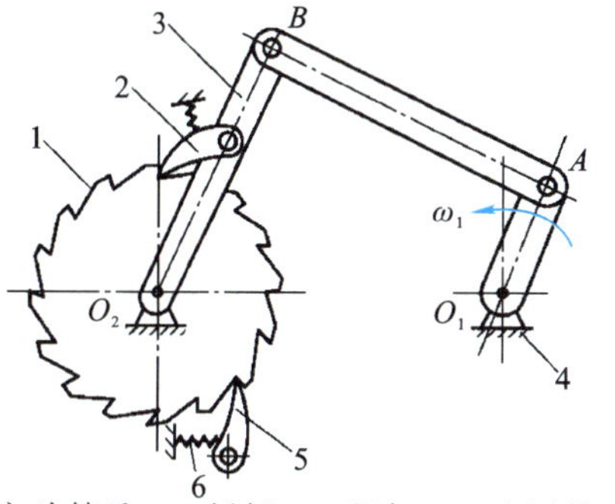 1—棘轮；2—主动棘爪；3—摇杆；4—机架；5—止回棘爪；6—弹簧。 图 4-2　棘轮机构 步骤二：棘轮机构的分类，如图4-3和图4-4所示。  (a) 外接棘轮机构　　(b) 内接棘轮机构　　(c) 棘条机构 图 4-3　齿式棘轮机构  (a) 外摩擦式棘轮机构　　(b) 内摩擦式棘轮机构　　(c) 滚子内接摩擦式棘条机构 图 4-4　摩擦式棘轮机构			

步骤三：棘轮机构的应用，如图4-7和图4-8所示。

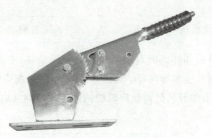

图4-7 汽车手刹棘轮机构

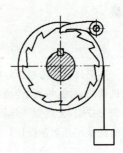

图4-8 防逆转停止器

步骤四：槽轮机构的组成，如图4-9所示。

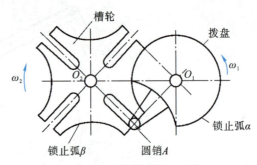

图4-9 槽轮机构的组成

步骤五：槽轮机构的分类，如图4-10所示。

(a) 外槽轮机构

(b) 内槽轮机构

图4-10 槽轮机构的分类

步骤六：槽轮机构的应用，如图4-11和图4-12所示。

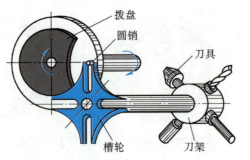

图4-11 数控加工中心自动换刀机构

图4-12 电影放映机卷片机构

项目 4　间歇运动机构

项目拓展训练

项目名称	间歇运动机构		日期	
组长：	班级：	小组成员：		
项目知识点总结				
任务描述	请分析图 4-1 所示冰淇淋自动灌装机的传动原理。其中用到了什么机构？该机构有何特点？ 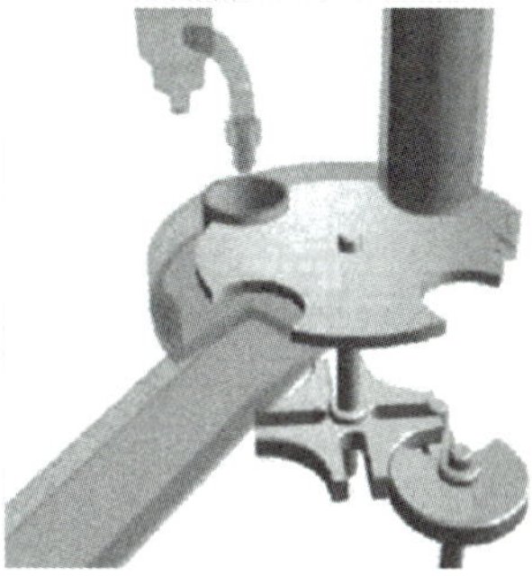 图 4-1　冰淇淋自动灌装机			
任务分析				
任务实施步骤				
遇到的问题及解决办法				

项目评价

以 5~6 人为一组,选出组长并进行任务分工,各组组长展示任务完成情况,并完成考核评价表。

考核评价表

评价项目		评价标准	满分	小组打分	教师打分
专业能力	基础掌握	能准确理解间歇运动的概念,分析机构组成、类型及特点	20		
	操作技能	能准确分析间歇运动机构的传动原理	15		
	设计能力	能根据间歇运动机构的传动特点进行简单创新设计	25		
素质能力	参与程度	认真参加活动,积极思考,主动与同学、老师进行交流,善于发现和解决问题	20		
	合作意识	积极参与探讨,勇于接受任务,敢于承担责任	10		
	创新意识	能够通过产品中机构的应用情况,产生创新设计兴趣,建立创新理念	10		
总分			100		

项目 巩固训练

一、填空题

1. 所谓间歇运动机构,就是在主动件做_____运动时,从动件能够产生周期性的_____、_____运动的机构。

2. 棘轮机构主要由_____、_____和_____等构件组成。

3. 棘轮机构的主动件是_____,从动件是_____,机架起固定和支撑作用。

4. 棘轮机构的主动件做_____运动,从动件做_____性的时停、时动的间歇运动。

5. 为保证棘轮在工作中的_____可靠和防止棘轮的_____,棘轮机构应当装有止回棘爪。

6. 槽轮机构主要由_____、_____、_____和机架等构件组成。

7. 槽轮机构的主动件是_____,它以等速做_____运动;具有_____槽的槽轮是从动件,由它来完成间歇运动。

8. 不论是外啮合还是内啮合的槽轮机构,_____总是从动件,_____总是主动件。

9. 双动式棘轮机构,它的主动件是_____棘爪,它们以先后次序推动棘轮转动,这种机构的间歇停留时间_____。

10. 摩擦式棘轮机构是一种无_____的棘轮,棘轮是通过与摩擦块之间的_____而工作的。

11. 槽轮机构能把主动轴的等速连续_____转换成从动轴的周期性的_____运动。

12. 能实现间歇运动的机构,除棘轮机构和槽轮机构以外,还有_____机构和_____机构。

13. 棘轮机构的结构_____,制造_____,运转_____,转角大小_____方便;和棘轮开始接触的_____会发生冲击,所以传动的_____较差,因此常用于_____、_____大小需要调整的场合及在起重设备中_____棘轮反转。

14. 槽轮机构是由_____、_____、_____和具有_____槽的槽轮等所组成,曲柄是_____件并做等速_____,从动件是_____,可以做_____、_____的间歇运动。

15. 对于原动件转一圈,槽轮只运动一次的槽轮机构来说,槽轮的槽数应不少于_____;机构的运动系数总小于_____。

16. 棘轮机构和槽轮机构均为_____运动机构。
17. 棘轮机构常用于转角较_____且需调整转角的传动,而槽轮机构只能用于转角较_____的间歇传动。

二、判断题

1. 能实现间歇运动要求的机构,不一定都是间歇运动机构。（   ）
2. 间歇运动机构的主动件,在任何时候都不能变成从动件。（   ）
3. 能使从动件得到周期性地时停时动的机构,都是间歇运动机构。（   ）
4. 棘轮机构必须具有止回棘爪。（   ）
5. 单向间歇运动的棘轮机构,必须要有止回棘爪。（   ）
6. 凡是棘爪以往复摆动运动来推动棘轮作间歇运动的棘轮机构,都是单向间歇运动的。（   ）
7. 棘轮机构只能用在要求间歇运动的场合。（   ）
8. 止回棘爪也是机构中的主动件。（   ）
9. 棘轮机构的主动件是棘轮。（   ）
10. 槽轮机构的主动件是槽轮。（   ）
11. 外啮合槽轮机构槽轮是从动件,而内啮合槽轮机构槽轮是主动件。（   ）
12. 棘轮机构和槽轮机构的主动件,都是做往复摆动运动的。（   ）
13. 槽轮机构必须有锁止圆弧。（   ）
14. 只有槽轮机构才有锁止圆弧。（   ）
15. 槽轮的锁止圆弧,制成凸弧或凹弧都可以。（   ）
16. 外啮合槽轮机构的主动件必须用锁止凸弧。（   ）
17. 内啮合槽轮机构的主动件必须使用锁止凹弧。（   ）
18. 止回棘爪和锁止圆弧的作用是相同的。（   ）
19. 止回棘爪和锁止圆弧都是机构中的一个构件。（   ）
20. 棘轮机构和间歇齿轮机构,在运行中都会出现严重的冲击现象。（   ）
21. 棘轮的转角大小是可以调节的。（   ）
22. 单向运动棘轮的转角大小和转动方向,可以采用调节的方法得到改变。（   ）
23. 双向式对称棘爪棘轮机构的棘轮转角大小是不能调节的。（   ）
24. 棘轮机构是把直线往复运动转换成间歇运动的机构。（   ）
25. 槽轮的转角大小是可以调节的。（   ）
26. 槽轮的转向与主动件的转向相反。（   ）
27. 利用曲柄摇杆机构带动的棘轮机构,棘轮的转向和曲柄的转向相同。（   ）
28. 双向式棘轮机构,棘轮的齿形是对称形的。（   ）
29. 摩擦式棘轮机构可以做双向运动。（   ）

30.只有间歇运动机构才能实现间歇运动。（　　）
31.间歇运动机构的主动件和从动件是可以互相调换的。（　　）
32.棘轮机构都有棘爪,因此没有棘爪的间歇运动机构,都是槽轮机构。（　　）
33.槽轮机构都有锁止圆弧,因此没有锁止圆弧的间歇运动机构都是棘轮机构。（　　）

三、选择题

1.(　　)当主动件作连续运动时,从动件能够产生周期性的时停时动的运动。
　　A.只有间歇运动机构,才能实现
　　B.除间歇运动机构外,其他机构也能实现

2.棘轮机构的主动件是(　　)。
　　A.棘轮　　　　　B.棘爪　　　　　C.止回棘爪

3.当要求从动件的转角须经常改变时,下面的间歇运动机构中(　　)合适。
　　A.间歇齿轮机构　　B.槽轮机构　　　C.棘轮机构

4.利用(　　)可以防止棘轮的反转。
　　A.锁止圆弧　　　B.止回棘爪

5.棘轮机构的主动件,是做(　　)的。
　　A.往复摆动运动　B.直线往复运动　C.等速旋转运动

6.单向运动的棘轮齿形是(　　)。
　　A.梯形齿形　　　B.锯齿形齿形

7.双向式运动的棘轮齿形是(　　)。
　　A.梯形齿形　　　B.锯齿形齿形

8.槽轮机构的主动件是(　　)。
　　A.槽轮　　　　　B.曲柄　　　　　C.圆销

9.槽轮机构的主动件在工作中是做(　　)运动的。
　　A.往复摆动　　　B.等速旋转

10.双向运动的棘轮机构(　　)止回棘爪。
　　A.有　　　　　　B.没有

11.槽轮转角的大小是(　　)。
　　A.能够调节的　　B.不能调节的

12.槽轮的槽形是(　　)。
　　A.轴向槽　　　　B.径向槽　　　　C.弧形槽

13.外啮合槽轮机构从动件的转向与主动件的转向是(　　)。
　　A.相同的　　　　B.相反的

14. 在传动过程中有严重冲击现象的间歇机构,是(　　)。

　　A. 间歇齿轮机构　　B. 棘轮机构

15. 间歇运动机构(　　)把间歇运动转换成连续运动。

　　A. 能够　　　　　　B. 不能

16. 在单向间歇运动机构中,棘轮机构常用于(　　)的场合。

　　A. 低速轻载　　　　B. 高速轻载　　　　C. 低速重载　　　　D. 高速重载

四、简答题

1. 什么是间歇运动?有哪些机构能实现间歇运动?

2. 棘轮机构与槽轮机构都是间歇运动机构,它们各有什么特点?

3. 棘轮机构和槽轮机构均可用来实现从动轴的单向间歇运动,但在具体的使用选择上又有什么不同?

4. 止回棘爪的作用是什么?

5. 用什么方法能改变棘轮的转向？

6. 槽轮的静止可靠性和防止反转是怎样保证的？

7. 单向运动棘轮机构和双向式棘轮机构有什么不同之处？

8. 棘轮机构有哪些作用？

项目 5　带传动与链传动

项目目标

【知识目标】

1. 了解带传动与链传动的类型、特点及应用；
2. 掌握带传动与链传动的结构和工作原理；
3. 能够计算带传动与链传动的传动比；
4. 掌握带传动与链传动的张紧与维护知识。

【能力目标】

1. 学会分析带传动与链传动的传动过程及传动原理；
2. 学会分析带传动与链传动的传动特点及区别。

【素质目标】

1. 培养对机械传动过程观察与分析的兴趣；
2. 养成实事求是的科学精神和求真务实的辩证思维；
3. 培养环保意识。

项目描述

扫描右侧二维码观看视频。牛头刨床中除了前面学习过的平面连杆机构、凸轮机构及间歇运动机构外，还有一种传动——带传动。带传动是如何进行传动的？这种传动有什么区别于其他传动的特点？

牛头刨床
传动过程

项目分析

带传动与链传动可以在大的轴间距和多轴间传递动力，且由于其造价低廉、维护容易等特点，在近代机械传动中应用十分广泛。本项目重点分析带传动和链传动的组成、特点、传动原理及应用情况。为达成本项目学习目标，需要完成如下学习任务：

项目5 带传动与链传动

知识链接5.1　带传动

带传动是机械传动中重要的传动形式之一。你见到过生活中有哪些带传动的应用呢？有这么多应用到带传动的场合，那么带传动是由哪几部分组成的？它又是怎么来传递运动和动力的？

一、带传动的组成与工作原理

(1)组成：带传动由主动轮、从动轮和传动带组成，如图5-1所示。

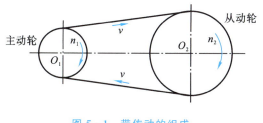

图5-1　带传动的组成

带传动

(2)工作原理：带传动利用挠性带与带轮之间的摩擦或啮合作用，将主动轮的运动和动力传递给从动轮。

二、带传动的类型

1.摩擦式带传动

(1)原理：靠传动带与带轮间的摩擦力实现传动。

(2)类型：根据传动带横截面形状的不同，可分为平带传动、V带传动、圆带传动和多楔带传动等,如图 5-2 所示。

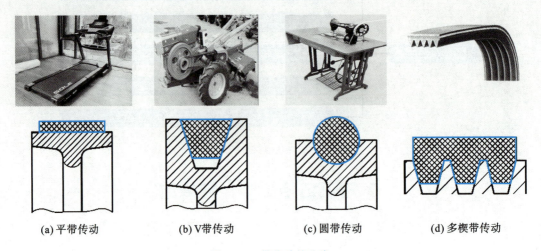

(a) 平带传动　　(b) V带传动　　(c) 圆带传动　　(d) 多楔带传动

图 5-2　带传动的分类

(3)特点:

①平带传动结构简单,带轮加工制造简单,在传动中心距较大的场合应用较多。

②V带传动能传递较大的载荷,且结构较为紧凑,应用最为广泛。

③圆带传动一般用于低速轻载的仪器及家用器具中。

④多楔带传动兼有平带传动与V带传动的特点,适用于传递载荷较大且要求结构紧凑的场合。

2. 啮合式带传动

啮合式带传动通常称为同步带传动,如图 5-3 所示,它能够保证准确的传动比(传动比 $i \leqslant 12$),适应带速范围广,同步齿形带的带速为 $40 \sim 50$ m/s,传递功率可达 200 kW,效率高达 $98\% \sim 99\%$。

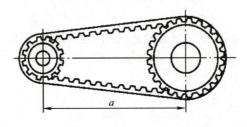

图 5-3　啮合式带传动

(1)原理:它通过传动带内表面上等距分布的横向齿与带轮上相应齿槽的啮合来传递运动和动力。

(2) 特点：由于带轮和传动带之间没有相对滑动，因此同步带传动能够保证严格的传动比，结构紧凑。由于带薄而轻，抗拉强度高，故带速可高达 40 m/s，传动比可达 10，传递功率可达 200 kW，效率高（可达 0.98）；但同步带传动成本高，对制造和安装要求高。生活中同步带传动一般用于对传动比要求较高的场合，如图 5-4 所示的轿车发动机、挖掘机等。

(a) 轿车发动机

(b) 挖掘机

图 5-4　啮合式（同步）带传动应用

三、带传动的特点及应用

1. 优点

① 传动平稳、无噪声，能缓冲、吸振；
② 摩擦带在传动过载时会打滑，可防止损坏零件，起到安全保护的作用；
③ 结构简单，制造和维护方便，成本低；
④ 适用于中心距较大的场合。

2. 缺点

① 摩擦带在工作中存在弹性滑动，传动效率较低（一般为 0.90～0.94），传动比的精确度较差；
② 传动装置的外廓尺寸较大；
③ 带轮传动轴的载荷较大。

3. 应用

带传动多用于两轴中心距较大，传动比精确度要求不严格的机械中。一般情况下，带传动允许的传动比不大于 7，传动功率不大于 100 kW。

四、V 带和 V 带轮

1. V 带的结构和型号

V 带由强力层、伸张层、压缩层和包布层等组成,如图 5-5 所示。

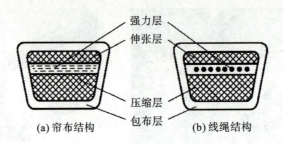

图 5-5 V 带的结构

普通 V 带可分为 Y、Z、A、B、C、D、E 等 7 种型号,窄 V 带可分为 SPZ、SPA、SPB、SPC 等 4 种型号,如表 5-1 所示。

表 5-1 V 带的尺寸与规格(GB/T 11544—2012)

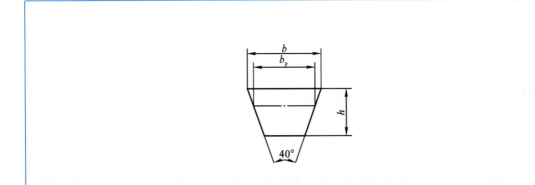

项目		基准宽度制的普通 V 带型号							基准宽度制的窄 V 带型号		
		Y	Z	A	B	C	D	E	SPZ	SPA	SPB
截面尺寸 /mm	b_p	5.3	8.5	11	14	19	27	32	8	11	14
	b	6.0	10.0	13.0	17.0	22.0	32.0	38.0	10.0	13.0	17.0
	h	4.0	6.0	8.0	11.0	14.0	19.0	23.0	8.0	10.0	14.0

例如，A1430 GB/T 1171 表示符合 GB/T 1171、基准长度为 1430 mm 的 A 型普通 V 带。

【注意】 V 带两工作面（侧面）的夹角均为 40°。V 带传动工作时，由于 V 带的外层受到拉伸力变长，内层受到压缩力变短，因此 V 带工作面（侧面）的夹角将会小于 40°。为了使变形后的 V 带与带轮仍能够充分地贴合，V 带轮轮槽的两侧面夹角要比 V 带工作面的夹角小一些。国家标准规定 V 带轮轮槽的两侧面夹角为 32°、34°、36° 和 38°。

2. V 带轮的材料和结构

V 带轮常用的材料有 HT150 和 HT200 等，当转速较高时 V 带轮常用铸钢或轻合金材料，当传动功率较小时常用铸铝或塑料等材料。

V 带轮由轮缘、轮辐和轮毂组成，如图 5-6 所示。

图 5-6　V 带轮的结构组成

根据轮辐结构形式的不同，V 带轮可分为实心式、腹板式、孔板式和轮辐式等 4 种，如图 5-7 所示。

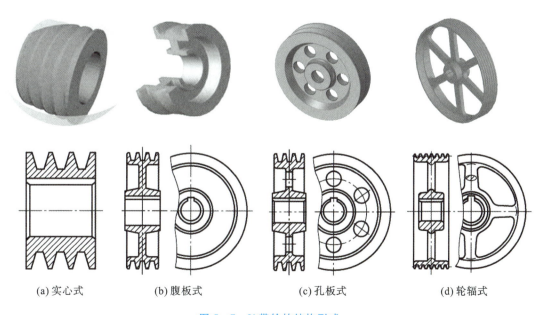

(a) 实心式　　(b) 腹板式　　(c) 孔板式　　(d) 轮辐式

图 5-7　V 带轮的结构形式

五、带传动的工作情况分析

1. 带传动的受力分析

带传动工作前,在初始拉力 F_0 作用下张紧在两个带轮上,如图 5-8(a)所示。

带传动工作时,传动带绕入主动轮的一边称为**紧边**,紧边的拉力由 F_0 增大为 F_1,F_1 称为**紧边拉力**;另一边称为**松边**,松边的拉力由 F_0 减小为 F_2,F_2 称为**松边拉力**,如图 5-8(b)所示。

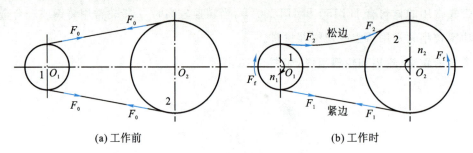

图 5-8 带传动的受力分析

设带的总长度不变,则

$$F_1 - F_0 = F_0 - F_2$$

即

$$F_1 + F_2 = 2F_0$$

紧边拉力与松边拉力的差值称为**有效拉力**,用 F 表示,其大小为

$$F = F_1 - F_2 \tag{5-1}$$

有效拉力的大小等于传动带与带轮接触面间产生的静摩擦力的总和 $\sum F_f$。有效拉力可在带传动中传递力矩。

有效拉力 F 的大小取决于所传递的功率 P 和带的运行速度,即

$$F = \frac{1000 P}{v} \tag{5-2}$$

式中,P——带传动的功率,kW;

F——传动带中有效拉力的大小,N;

v——传动带的运行速度,m/s。

在一定的初始拉力 F_0 作用下,带与带轮接触面间摩擦力的总和有一极限值。当带所传递的圆周力超过带与带轮接触面间摩擦力的总和的极限值时,带与带轮将发生明显的相对滑动,这种现象称为**打滑**。

当 V 带即将打滑时,F_1 与 F_2 之间的关系可用柔性体摩擦的欧拉式表示,即

$$F_1 = F_2 e^{f_v \alpha_1} \tag{5-3}$$

式中,F_1——紧边拉力;

F_2——松边拉力；

F_0——初始拉力；

f_v——当量摩擦因数；

α_1——小带轮的包角。

联合上面各式，整理可得，带所能传递的最大有效拉力

$$F_{\max} = F_1\left(1 - \frac{1}{e^{f_v \alpha_1}}\right) = 2F_0 \frac{e^{f_v \alpha_1} - 1}{e^{f_v \alpha_1} + 1} \tag{5-4}$$

由式(5-4)可知，最大有效圆周力 $F_{\max}$ 与初始拉力 F_0、包角 α_1、当量摩擦因数 f_v 成正比。因此增大 F_0、α_1、f_v 都可以提高带传动的工作能力。由于小带轮的包角 α_1 总小于大带轮包角 α_2，因此打滑现象首先发生在小带轮上。为提高带传动的承载能力，α_1 不能太小，一般要求 $\alpha_1 \geqslant 120°$。

2. 带传动的应力分析

带传动工作时，带中的应力由三部分组成：拉力产生的应力、离心力产生的拉应力和带的弯曲产生的弯曲应力。

(1) 拉力产生的应力。

紧边拉应力

$$\sigma_1 = \frac{F_1}{A}$$

松边拉应力

$$\sigma_2 = \frac{F_2}{A}$$

式中，A——带的横截面面积，mm^2。

由于 $F_1 > F_2$，因此 $\sigma_1 > \sigma_2$。

(2) 离心力产生的拉应力。由于带本身的质量，带绕过带轮时随着带轮做圆周运动将产生离心力。离心力将使带受拉，在截面产生离心拉应力

$$\sigma_c = \frac{F_c}{A} = \frac{qv^2}{A}$$

式中，v——带速，m/s；

q——带单位长度上的质量，kg/m。

(3) 带的弯曲产生的弯曲应力。传动带绕经带轮时要弯曲，其弯曲应力可近似按下式确定：

$$\sigma_b \approx \frac{Eh}{d_d}$$

式中，E——带的弹性模量，MPa；

h——带的厚度，mm；

d_d——带轮的基准直径，mm。

因为 $d_{d1} < d_{d2}$，所以 $\sigma_{b1} > \sigma_{b2}$。

3. 应力分布及最大应力

综上分析，带中最大应力发生在紧边刚绕上小带轮处，如图 5-9 所示，其值为

$$\sigma_{max} = \sigma_1 + \sigma_{b1} + \sigma_c \tag{5-5}$$

为保证带具有足够的疲劳强度，应满足

$$\sigma_{max} = \sigma_1 + \sigma_{b1} + \sigma_c \leqslant [\sigma] \tag{5-6}$$

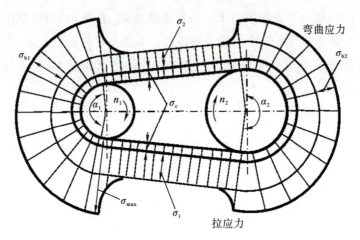

图 5-9 带的应力分布

4. 带的弹性滑动和传动比

1）带的弹性滑动

由于传动带存在弹性，因此其在紧边时会被拉长，到松边时又产生收缩，如图 5-10 所示。

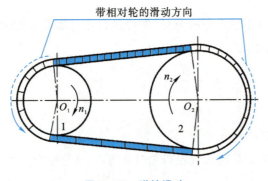

图 5-10 弹性滑动

带传动的弹性滑动

当传动带绕过主动轮 1 进入松边时，其所受拉力逐渐减小，弹性变形量随之减小，从而沿主动轮转动的反方向收缩，在带轮工作面上出现轻微的滑动。同样的情况也发生在从动轮上，这种现象称为弹性滑动。

2)带传动的传动比

由于弹性滑动引起的从动轮圆周速度的降低率称为带传动的**滑动率**,用 ε 表示,

$$\varepsilon = \frac{v_1 - v_2}{v_1} \times 100\% \tag{5-7}$$

带传动的滑动率一般为 1%~2%,一般可以忽略不计。计入弹性滑动影响时,带传动传动比的计算公式为

$$i = \frac{n_1}{n_2} = \frac{d_2}{d_1} \cdot \frac{1}{1-\varepsilon} \tag{5-8}$$

5.带传动的打滑

有效拉力 F 是由带与带轮接触面上的摩擦力提供的。当有效拉力达到或超过某一极限值时,传动带与外径较小的带轮在整个接触弧上的摩擦力将达到极限,若继续增加载荷,传动带将沿整个接触弧滑动,这种现象称为**打滑**。

课堂互动

弹性滑动和打滑有什么区别?

弹性滑动是由传动带两边的拉力差引起的,不影响带传动的正常工作,且只要传递圆周力,就必然会产生弹性滑动,所以弹性滑动是带传动的固有属性,是不可避免的;打滑是由于过载而引起的全面滑动,将导致带传动失效,因此应当尽量避免。

六、带传动的运行与维护

1.带传动的张紧与调整

带传动在安装时须对传动带进行张紧。当带传动运行一段时间后,传动带因塑性变形和磨损而会变得松弛,此时需要进行调整,使传动带重新张紧。

带传动常用的张紧方法有移动法、摆动法和安装张紧轮法,如图 5-11 所示。

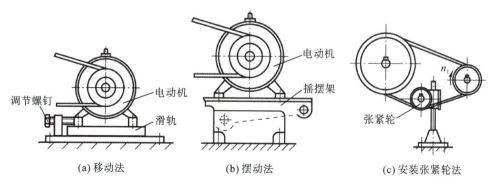

图 5-11 带传动的张紧方法

(1)移动法:将装有带轮的电动机装在滑道上,通过旋转调节螺钉移动电动机以增大或减小带传动的中心距,从而达到张紧或松弛的目的。

(2)摆动法:把电动机装在摇摆架上,利用电机的自重,使电动机轴心绕铰链中心摆动,拉大中心距,达到自动张紧的目的。

(3)安装张紧轮法:当带传动的中心距不能调整时,可安装张紧轮,通过调整张紧轮的位置即可达到张紧传动带的目的。

2. 带传动的安装与维护

1)带轮的安装

安装带轮时,两带轮的轴线应相互平行,其V形槽对称平面应重合。

2)V带的安装

(1)通常应通过调整各轮中心距的方法来装带和张紧。切忌硬将传动带从带轮上拨下或扳上,严禁用撬棍等工具将带强行撬入或撬出,以免对带造成不必要的损坏。

(2)同组使用的V带应型号相同,长度相等,以免各带受力不均;不同厂家生产的V带、新旧V带不能同时使用。

(3)安装V带时,应按规定的初始拉力张紧。对于中等中心距的带传动,可凭经验安装,带的张紧程度以大拇指能将带按下 15 mm 为宜。新带使用前,应预先拉紧一段时间后再使用。

3)带传动的维护

(1)带传动装置外面要采用安全防护罩,以保障操作人员的安全;同时防止油、酸、碱对带的腐蚀。

(2)禁止给带轮上加润滑剂,应及时清除带轮槽及带上的油污。

(3)定期对带进行检查,看有无松弛和断裂现象,如有一根松弛和断裂,则应全部更换新带。

(4)带传动工作温度不应过高,一般不超过 60 ℃。

(5)若带传动久置后再用,应将传动带放松。

课堂互动

采用安装张紧轮法对V带和平带进行张紧时,有何区别?

采用安装张紧轮法对V带和同步带进行张紧时,张紧轮一般应放在松边的内侧,并尽量靠近大带轮,这样可使传动带只受单向弯曲,且小带轮的包角不致减小过多;对平带张紧时,张紧轮一般应放在松边的外侧,并尽量靠近小带轮,这样可以增大小带轮的包角,提高传动带的传动能力。

七、带传动的失效形式和设计准则

(1)失效形式:打滑和带的疲劳损坏(如脱层、撕裂或拉断)。

(2)设计准则:在保证不打滑的条件下,应具有一定的疲劳强度和寿命。

(3)V带传动的主要参数及正确选用。

①设计前应知道的数据:传递功率 P,转速 n_1、n_2(或传动比 i),传动位置要求及工作条件等。

②设计要确定的主要参数:带型号、长度 L_D、根数 z,轮直径 d_{d1}、d_{d2},中心距 a 等。

③设计的一般步骤:确定带的型号→确定 d_{d1}、d_{d2}→确定 L_d→确定 a→确定 z。

(4)V带传动主参数设计要点及步骤。

①确定计算功率 P_c,

$$P_c = K_A P$$

式中,K_A——工作情况系数。

②选择 V 带型号。

③确定带轮基准直径 d_1、d_2。

④验算带速 v,

$$v = \frac{\pi d_{d1} n_1}{60 \times 1000} \quad (\text{m/s})$$

$v = 5 \sim 25 \text{ m/s}$。

⑤确定中心距 a 和带的基准长度 L_d。

初选 a_0,

$$0.7(d_{d1}+d_{d2}) \leqslant a_0 \leqslant 2(d_{d1}+d_{d2})$$

初算带长度 L_{d0},

$$L_{d0} = 2a_0 + \frac{\pi}{2}(d_{d1}+d_{d2}) + \frac{(d_{d2}-d_{d1})^2}{4a_0} \quad (\text{mm})$$

选择基准长度 L_d 后,计算实际中心距 a,

$$a \approx a_0 + \frac{L_d - L_{d0}}{2} \quad (\text{mm})$$

⑥验算小带轮包角 α_1,

$$\alpha_1 \approx 180° - \frac{d_{d2}-d_{d1}}{a} \times 57.3° \geqslant 120°$$

⑦确定带的根数 z,

$$z = \frac{P_c}{[P_0]} = \frac{P_c}{(P_0 + \Delta P_0) K_a K_L} \geqslant [z]$$

⑧确定初始拉力 F_0,

$$F_0 = 500 \frac{P_c}{vz} \left(\frac{2.5}{K_a} - 1 \right) + qv^2 \quad (\text{N})$$

式中,K_a——考虑包角不同时的影响系数,简称包角系数;

K_L——考虑带的长度不同时的影响系数,称简长度系数;

P_0——单根V带的基本额定功率;

ΔP_0——计入传动比的影响时,单根V带额定功率的增量。

F_Q 用于带轮轴上的载荷

$$F_Q = 2zF_0 \sin\frac{\alpha_1}{2} \quad (N)$$

⑨带轮结构设计:确定带轮结构类型、材料、结构尺寸,绘制带轮工作图。

(5)带轮材料。带轮一般采用铸铁、铸钢-钢板冲压件、铸铝或塑料等材料。

(6)带轮结构:根据4种带轮结构选择。

▶ 知识链接 5.2　链传动

前面学习了带传动,今天来学习基于带传动的另一种传动系——链传动。扫描右侧二维码观看视频,初步了解链传动。

链传动

一、链传动的组成与工作过程

链传动由主动链轮、从动链轮和链条组成,如图5-12所示。

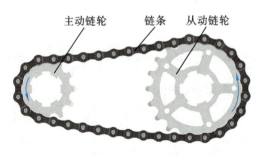

图5-12　链传动的组成

链传动是一种具有中间挠性件(链条)的啮合传动,通过链条的链节与链轮上的轮齿相互啮合来传递运动和动力。

(1)日常生活中有哪些实物采用链传动?

(2)链传动有哪些传动特点?

二、链传动的类型

(1) 根据应用范围的不同,链传动可分为传动链、输送链和起重链,如图 5-13 所示。

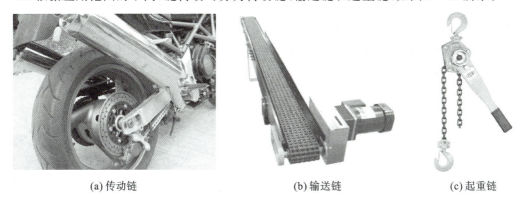

(a) 传动链　　　　　　(b) 输送链　　　　　　(c) 起重链

图 5-13　按链的用途分类

(2) 根据链的结构形式的不同,链传动可分为滚子链传动和齿形链传动等,如图 5-14 所示,其中滚子链传动的应用最广泛。

(a) 滚子链　　　　　　　　　　(b) 齿形链

图 5-14　按链的结构分类

三、链传动的特点及应用

与带传动相比,链传动具有以下优点和缺点。

1. 优点

① 无弹性滑动和打滑现象,能保持准确的平均传动比;
② 结构紧凑,传动效率较高;
③ 张紧力小,作用于轴上的径向力也较小;
④ 适合在高温、灰尘多、湿度大及腐蚀性环境等恶劣条件下工作。

2. 缺点

① 只适用于平行轴之间的同向回转传动;
② 瞬时传动比不恒定,传动不够平稳;
③ 工作时有噪声,不宜用于载荷变化很大和急速反向的传动。

3. 应用

链传动主要应用于要求工作可靠、平均传动比准确、两轴相距较远,以及其他不宜采用齿轮传动的场合。目前,链传动广泛应用于农业、矿山、起重运输、冶金、建筑、石油、化工等行业的各种机械中。

链传动的功率一般在 100 kW 以下,链速一般不超过 15 m/s,推荐使用的最大传动比 $i_{max}=8$,常用 $i=2\sim2.5$。

四、滚子链

1. 组成

滚子链由内链板、外链板、滚子、套筒和销轴等组成,如图 5-15 所示。当链节进入、退出啮合时,滚子沿齿滚动,实现滚动摩擦,减小磨损。套筒与销轴、套筒与滚子采用间隙配合;套筒与内链板、销轴与外链板分别用过盈配合(压配)固连,使内、外链板可相对回转。为减轻重量,链节常制成"∞"形,亦有弯板,这样质量小、惯性小,且具有等强度。

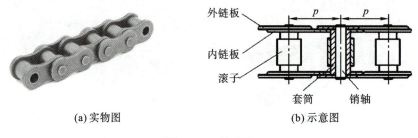

(a) 实物图　　　　　　　(b) 示意图

图 5-15　滚子链

2. 链节距

相邻两滚子轴线间的距离称为**链节距**,用 p 表示,p 越大,链条尺寸越大,其承载能力也越强。

课堂互动

在机械传动系统中常将链传动布置在高速级还是低速级,为什么?

链传动应布置在低速级,因为链传动有多边形效应,速度有波动,不适合放在高速级。相反,带传动不适宜放在低速级,应该放在高速级。因为 $P=Fv$,速度越大,所需带轮与 V 带间的摩擦力越小。

3. 接头形式

链节接头的形式有开口销、弹簧夹、过渡链节等,如图 5-16 所示。

当链节数为偶数时,链条一端的外链板正好与另一端的内链板相连,其连接销轴可采用开口销或弹簧夹进行锁定,如图 5-17(a)和 5-16(b)所示;当链节数为奇数时,接头处须采用过渡链节进行连接,如图 5-16(c)所示。

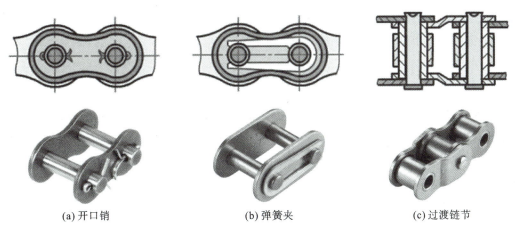

(a) 开口销　　　　　　　　(b) 弹簧夹　　　　　　　　(c) 过渡链节

图 5-16　链的接头形式

【注意】当链条接头采用过渡链节时,该处链条若处于受拉状态,过渡链节会承受附加的弯曲载荷,这将降低链传动的承载能力,因此应尽量采用偶数链节以避免使用过渡链节。

4. 链的排数

滚子链有单排链、双排链、多排链,如图 5-17 所示。滚子链的承载能力与链节距和链条排数成正比,但链节距越大,链传动的结构和尺寸越大,传动时的振动、冲击和噪声也越严重;链条排数越多,链条各排的受力越不均匀,越容易加剧磨损,故排数不宜过多,一般不超过 4 排。

(a) 单排链　　　　　　　(b) 双排链

图 5-17　滚子链的排数

5. 滚子链的标准

滚子链已经标准化,我国现行的滚子链的标准为 GB/T 1243—2006,分 A、B 两个系列,常用的是 A 系列。国际上链节距多采用英制单位,我国标准中规定链节距采用米制单位(可按转换关系互相折算)。

滚子链的标记如下:

$$\boxed{链号}-\boxed{排数}\times\boxed{链节数}\ \boxed{国标号}$$

例如:

$$08A-1\times88\ GB/T\ 1243-2006$$

表示 A 系列、节距 12.7 mm、单排、88 节的滚子链。

对应于链节距有不同的链号,用链号乘以 25.4/16 mm 所得的数值即为链节距 $p(\text{mm})$。

6. 滚子链材料

滚子链一般采用经过热处理的碳素钢或合金钢。

五、齿形链

齿形链传动通过具有特定齿形的链板与链轮之间的啮合来传递运动和动力。齿形链又称无声链,由铰接起来的齿形链板组成,如图 5-18 所示。为提高承载能力和传动的稳定性,齿形链一般采用多排链板。其中,链板两工作侧面间的夹角为 60°,相邻链节的链板左右错开排列,并用销轴、轴瓦或滚柱将链板连接起来。

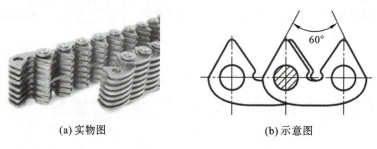

(a) 实物图 　　　　　　(b) 示意图

图 5-18　齿形链

与滚子链传动相比,齿形链传动具有传动平稳、噪声小、承受冲击载荷能力强、轮齿受力较均匀等优点,但齿形链传动结构复杂、质量较大、制造成本高、装拆较困难,因此多用于运动精度要求较高或传动速度较高的场合。

六、链轮

1. 链轮的齿形

链轮的齿形应满足:
①传动时链节能顺畅地进入和退出啮合;
②啮合时齿形能够与链节保持良好的接触;
③对于因磨损而产生的链条节距变化有较好的适应能力;
④形状尽量简单,方便加工。

常用的链轮端面齿形由三段圆弧和一段直线组成,简称三圆弧一直线齿形,如图 5-19 所示。这种齿形已经标准化,可由标准成型刀具加工,故链轮图上不必绘制端面齿形,只注明"齿形按 3R GB/T 1243—2006 规定制造"即可。

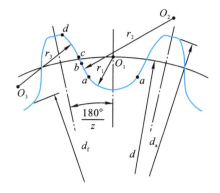

图 5-19　链轮的齿形

2. 链轮的结构形式和材料

链轮的结构形式很多，常见的有整体式、焊接式、孔板式和齿圈组合式等，如图 5-20 所示，它们分别适用于小、中、大直径的链轮。由于链轮的失效形式主要是轮齿磨损，因此对于直径较大的链轮，应尽量采用可以更换轮齿的组合式结构。

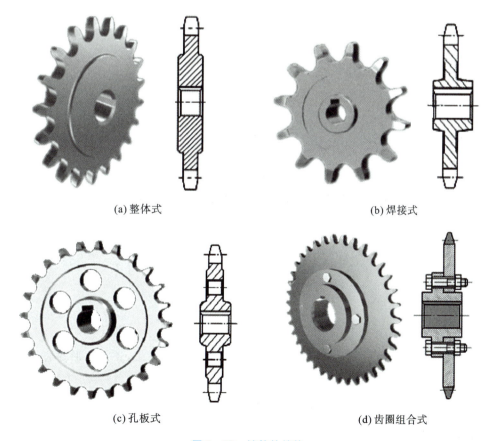

(a) 整体式　　　　　　　　　　(b) 焊接式

(c) 孔板式　　　　　　　　　　(d) 齿圈组合式

图 5-20　链轮的结构

链轮常用材料的性能和应用范围如表 5-2 所示。

表 5-2　链轮常用材料的性能和应用范围

材料类别	牌号示例	热处理方法	处理后齿面硬度	应用范围
普通碳素结构钢	Q215 Q255	焊接后退火	140 HBS	中速、中等功率、较大的链轮
优质碳素结构钢	15 20	渗碳、淬火、回火	50～60 HRC	齿数不超过 25 的高速、重载、承受冲击载荷的链轮
	35	正火	160～200 HBW	齿数大于 25 的低速、轻载、冲击较小的链轮
	45 50	淬火、回火	40～45 HRC	无剧烈冲击、振动的链轮
合金结构钢	15Cr 20Cr	渗碳、淬火	50～60 HRC	齿数不超过 25 的大功率、高速、重载链轮
	35SiMn 40Cr 35CrMn	淬火、回火	40～45 HRC	连续工作、高速、重载、重要传动的链轮
铸铁	HT200	淬火、回火	260～280 HBS	齿数超过 50 的低速、传动平稳的链轮
非金属材料	夹布胶木	—	—	传递功率小、要求传动平稳、噪声小的高速链轮

课堂互动

链传动中的主动链轮和从动链轮使用材料是一样的吗？为什么？

由于链轮在传动过程中需要承受各种振动和冲击，因此其轮齿应具有足够的强度和耐磨性。为提高其力学性能，链轮在制造过程中必须进行合理的热处理。由于小链轮在转动时比大链轮的啮合次数多，且承受的冲击较大，因此通常要求小链轮的材料性能优于大链轮。

七、链传动的运动特性

1. 链传动的运动不均匀性

在链传动中，链条绕在链轮上如同绕在两个正多边形的轮子上，正多边形的边长等于链节距 p。

如图 5-21 所示，由于链条是由刚性链节通过销轴铰接而成的，当链条绕在链轮上时，其链节与相应的轮齿啮合后形成折线，相当于将链条绕在正多边形的轮子上。当主动链轮以等角速度回转时，从动链轮的角速度将周期性地变动，这种运动的不均匀性称为**链传动的多边形效应**。

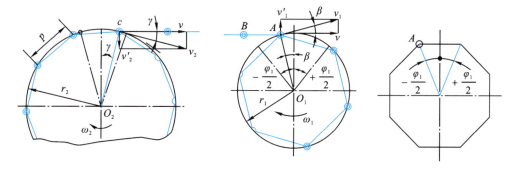

图 5-21 链传动的多边形效应

假设链的平均链速

$$\bar{v} = \frac{z_1 n_1 p}{60 \times 1000} = \frac{z_2 n_2 p}{60 \times 1000}$$

平均传动比

$$\bar{i} = \frac{n_1}{n_2} = \frac{z_2}{z_1}$$

链的水平速度

$$v = r_1 \omega_1 \cos\beta \tag{5-9}$$

链的垂直速度

$$v'_1 = r_1 \omega_1 \sin\beta \tag{5-10}$$

式中,

$$\beta = -\frac{\varphi_1}{2} \sim +\frac{\varphi_1}{2}, \varphi_1 = \frac{360°}{z_1}$$

由式(5-9)和式(5-10)可知,链速是周期性变化的。链节距越大,齿数越少,链速的变化就越大。

从动轮上 C 点的速度

$$v_2 = \frac{v}{\cos\gamma} = \frac{r_1 \omega_1 \cos\beta}{\cos\gamma} = r_2 \omega_2$$

瞬时传动比

$$i = \frac{\omega_1}{\omega_2} = \frac{r_2 \cos\gamma}{r_1 \cos\beta} = \frac{d_2 \cos\gamma}{d_1 \cos\beta}$$

式中,

$$\beta = -\frac{\varphi_1}{2} \sim +\frac{\varphi_1}{2}, \varphi_2 = \frac{360°}{z_2}$$

当主动链轮匀速转动时,从动链轮的角速度及链传动的瞬时传动比都是周期性变化的,链节在运动中,做忽上忽下、忽快忽慢的速度变化。

只有 $z_1=z_2$，且链的紧边长恰为链节距的整数倍时，瞬时传动比 i 才恒定。

八、链传动的失效形式

链传动的失效形式如图 5-22 所示，有铰链磨损、链的疲劳破坏、多次冲击破断、胶合及过载拉断等。

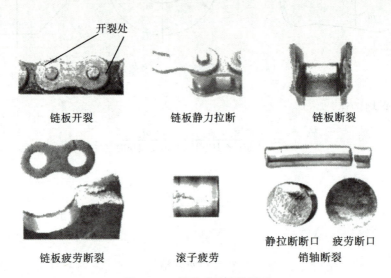

图 5-22　链传动的失效形式

九、链传动的运行与维护

1. 链传动的合理布置

（1）两链轮的回转平面应在同一铅垂面内；

（2）链轮的中心连线最好在水平面内，应避免垂直布置；

（3）链传动最好紧边在上，松边在下。

2. 链传动的张紧与调整

链传动的张紧主要是为了避免链条松边垂度过大而出现啮合不良和振动的现象，同时也可以增大链条与链轮的啮合包角。

链传动张紧的方法很多，若链轮的位置能够移动，则可通过移动法或摆动法对链条进行张紧，具体方法与带传动张紧的移动法和摆动法类似；若链轮的中心距不能调整，则可使用张紧轮进行张紧，具体方法如图 5-23 所示。此外，当两链轮轴心连线倾斜角大于 60°时，链传动也应使用张紧轮进行张紧。

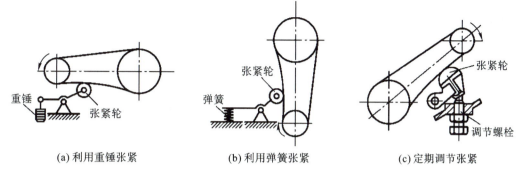

(a) 利用重锤张紧　　　(b) 利用弹簧张紧　　　(c) 定期调节张紧

图 5-23　链传动的张紧方法

3. 链传动的润滑

链传动中销轴与套筒之间产生磨损，链节就会伸长，这是影响链传动寿命的最主要因素。良好的润滑可以减小链传动的磨损，有利于缓和冲击、延长链条的使用寿命。链传动常用的润滑方法有人工润滑、油浴（或飞溅）润滑、滴油润滑和（压力）喷油润滑等，如表 5-3 所示。

表 5-3　链传动常用的润滑方式

润滑方式	示意图	特点及应用场合
人工润滑		用油刷或油壶定期为链条刷油，适用于链速低于 4 m/s 的非重要链传动
油浴润滑		将链条浸在油池中或利用甩油盘将油甩到链条上，适用于链速为 6～12 m/s 的大功率链传动
滴油润滑		用油杯和油管向链条松边的内、外链板间隙处滴油，适用于链速低于 10 m/s 的链传动
喷油润滑		利用油泵将润滑油不断地喷射到链条上，适用于高速大功率的链传动

润滑油推荐采用牌号为 L-AN32、L-AN46、L-AN68 等全损耗系统用油。对于不便采用润滑油的场合，允许涂抹润滑脂，但应定期清洗与涂抹。

项目实施

项目名称	带传动与链传动	日期	
项目知识点总结	本项目以牛头刨床中的带传动为学习载体，主要学习了带传动和链传动的组成、特点、应用及传动原理等知识。通过本项目的学习，能够掌握带传动与链传动的相关知识，会分析带传动与链传动的传动原理及其工作特性，为学习后续有关知识、解决工程问题打好基础。		
项目实施	步骤一：认识带传动的组成（图5-1）及工作原理。 图5-1 带传动的组成 步骤二：带传动的分类有摩擦式和啮合式（图5-3）。 图5-3 啮合式带传动 步骤三：带传动的带与带轮（图5-7）。 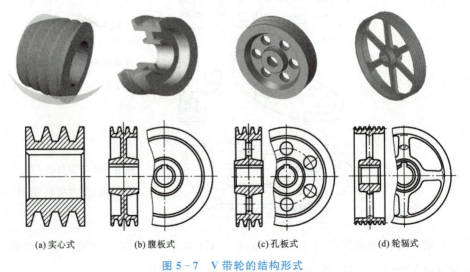 (a)实心式　(b)腹板式　(c)孔板式　(d)轮辐式 图5-7 V带轮的结构形式		

项目实施	步骤四:带传动的受力分析,如图5-8(b)所示。 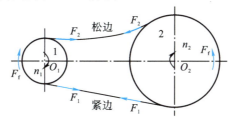 (b) 工作时 图 5-8 带传动的受力分析 步骤五:带传动的弹性滑动(图5-10)和打滑的区别。 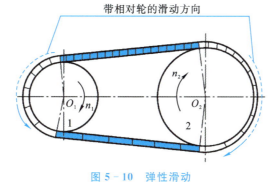 图 5-10 弹性滑动 步骤六:链传动的组成(图5-12)、类型与特点。 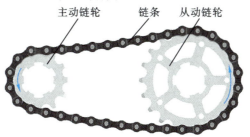 图 5-12 链传动的组成 步骤七:链与链轮。了解链的结构、类型;了解链轮的材料、结构及分类。 步骤八:链传动的运动特性。链传动的多边形效应如图5-21所示。 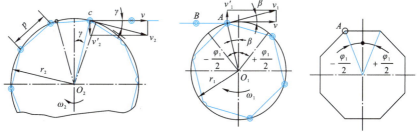 图 5-21 链传动的多边形效应 步骤九:链传动的失效形式有铰链磨损、链的疲劳破坏、多次冲击破断、胶合及过载拉断等。

项目拓展训练

项目名称	带传动与链传动		日期	
组长：	班级：		小组成员：	
项目知识点总结				
任务描述	1. 综合分析牛头刨床中设置带传动的原因，分析带传动相比其他传动在该机器中的优势所在。 2. 带的主要组成材料是橡胶。从环保角度对带进行创新设计，进行课外拓展训练。			
任务分析				
任务实施步骤				
遇到的问题及解决办法				

项目评价

以 5~6 人为一组,选出组长并进行任务分工,各组组长展示任务完成情况,并完成考核评价表。

考核评价表

评价项目		评价标准	满分	小组打分	教师打分
专业能力	基础掌握	能准确理解带传动与链传动的概念,分析机构组成、类型、运动副	20		
	操作技能	能准确绘制机构运动简图	15		
	分析计算	能计算链传动的平均传动比和瞬时传动比	25		
素质能力	参与程度	认真参加活动,积极思考,主动与同学、老师进行交流,善于发现和解决问题	20		
	合作意识	积极参与探讨,勇于接受任务,敢于承担责任	10		
	环保意识	能从环保角度对带进行创新设计,进行课外拓展训练	10		
总分			100		

项目 巩固训练

一、填空题

1. 带传动的工作原理是以张紧在至少两个轮上的带作为_____,靠带与带轮接触面间产生的_____来传递运动和动力。

2. 根据工作原理不同,带传动的类型分为_____带传动和_____带传动两大类。

3. V带是一种_____接头的环形带,其横截面为_____。

4. 带的包角是带与带轮_____所对应的_____,平带传动带的包角应等于或大于_____。

5. 平带传动在工作前,应将带_____在_____上,使带与带轮间产生_____。

6. 在平带传动中,传动能力的大小与小带轮上的_____大小有关。

7. 平带传动有_____传动、_____传动、_____传动和_____传动等四种形式。

8. 包角越大,V带传动所能传递的功率_____。为了使带传动可靠,一般要求小带轮的包角 $\alpha_1 \geqslant$ _____。

9. V带在轮槽中,底面与槽底间应_____。V带传动常用的张紧方法有_____和_____。

10. 带速 v 有一定的适合范围,一般取_____。带传动的传动比就是_____与_____之比。

11. 解释说明普通V带的标记:C2240 GB/T 11544—2012。
_____

12. V带的横截面形状为_____形,_____是工作面,夹角为_____。

13. V带根据强力层组成的不同,分为_____结构和_____结构。

14. V带共分_____种型号,它们分别是_____,其中_____型号截面积最小。

15. 带传动的失效形式为带的_____和_____。

16. 链传动由_____、_____、_____及机架组成。

17. 按用途不同,链传动可分为_____、_____和_____。常用的传动链主要有_____和_____两种。其中_____传动应用最为广泛,一般所说的链传动即指_____传动。

18. 当链节数为奇数时,须用过渡链节。过渡链板呈弯曲状,工作时受有附加弯矩,使链条的承载能力降低,因此应尽量采用_____链节。
19. 齿形链的优点是_____、_____、_____,故链传动允许在较高的速度下工作;齿形链的缺点是_____、_____、_____,并且对安装和维护的要求较高。
20. 链传动张紧的方法有_____和_____两种。
21. 链传动工作时靠_____与_____的啮合来传递运动和动力。
22. 链传动的动载荷随着链节距的_____和链轮齿数的_____而增加。
23. 链传动中,链节数常采用_____。
24. 链传动工作时,其转速越高,其运动不均匀性越_____,故链传动多用于_____传动。
25. 滚子链的标记 12A－1×90 表示_____系列、节距_____mm、_____排、_____节的滚子链。
26. 滚子链由滚子、套筒、销轴、内链板和外链板所组成,其_____之间、_____之间分别为过盈配合,而_____之间、_____之间分别为间隙配合。
27. 链条的磨损主要发生在_____的接触面上。
28. 链传动的主要失效形式有_____、_____、_____、_____四种。在润滑良好、中等速度的链传动中,其承载能力取决于_____。

二、选择题

1. 平带、V带传动主要依靠(　　)传递运动和动力。
   A. 带的紧边拉力　　　　　　B. 带和带轮接触面间的摩擦力
   C. 带的预紧力
2. 下列普通 V 带传动中,(　　)带的截面尺寸最小。
   A. Y 型　　　　　B. A 型　　　　　C. E 型
3. 带传动正常工作时不能保证准确传动比,是因为(　　)。
   A. 带的材料不符合胡克定律　　　B. 带容易变形和磨损
   C. 带的弹性滑动
4. 带传动工作中产生弹性滑动的原因是(　　)。
   A. 带的预紧力不够　　　　　　B. 带的松边和紧边拉力不等
   C. 带绕过带轮时有离心力　　　D. 带和带轮间摩擦力不够
5. 带传动中,带每转动一周,拉应力是(　　)。
   A. 有规律变化的　　B. 不变的　　　C. 无规律变化的

6. V带传动中,选取小带轮的基准直径的依据是( )。

　　A. 型号　　　　B. 速度　　　　C. 主动轮转速　　　　D. 传动比

7. 机械传动中,理论上能保证瞬时传动比为常数的是( )。

　　A. 带传动　　　B. 摩擦轮传动　　C. 链传动　　　　D. 齿轮传动

8. ( )成本较高,不适于轴间距离较大的传动。

　　A. 带传动　　　B. 链传动　　　　C. 齿轮传动

9. 能缓冲吸振,并能起到过载保护作用的传动是( )。

　　A. 带传动　　　B. 链传动　　　　C. 齿轮传动

10. 带传动正常工作时,大带轮上的包角( )小带轮的包角。

　　A. 大于　　　　B. 小于　　　　C. 小于或等于　　　　D. 大于或等于

11. 带传动的设计准则是( )。

　　A. 保证带具有一定寿命　　　　B. 保证带不被拉断

　　C. 保证传动不打滑条件下,带具有一定的疲劳强度和寿命

12. V带传动中,带截面楔角为40°,带轮的轮槽角应( )40°。

　　A. 大于　　　　B. 等于　　　　C. 小于

13. 带传动中,v_1 为主动轮圆周速度、v_2 为从动轮圆周速度、v 为带速,这些速度之间存在的关系是( )。

　　A. $v_1 = v_2 = v$　　B. $v_1 > v = v_2$　　C. $v_1 < v < v_2$　　D. $v_1 = v > v_2$

14. 带传动打滑总是( )。

　　A. 在小轮上先开始　　　　B. 在大轮上先开始

　　C. 在两轮上同时开始

15. 用( )提高带传动传递的功率是不合适的。

　　A. 适当增大预紧力　　　　B. 增大轴间距

　　C. 增加带轮表面粗糙度　　D. 增大小带轮基准直径

16. 若将传动比不为1的平带传动的中心距减少1/3,带长做相应调整,而其他条件不变,则带传动的最大有效拉力 F_1 ( )。

　　A. 增大　　　　B. 不变　　　　C. 降低

17. 设计链传动时,链节数最好取( )。

　　A. 偶数　　　　B. 奇数　　　　C. 质数　　　　D. 链轮齿数的整数倍

18. 链传动中,限制链轮最少齿数的目的之一是为了( )。

　　A. 减小传动的运动不均匀性和动载荷

　　B. 防止链节磨损后脱链

　　C. 防止润滑不良时轮齿加速磨损

　　D. 使小链轮轮齿受力均匀

19. 与齿轮传动相比较,链传动的优点是( )。
    A. 传动效率高   B. 工作平稳,无噪声
    C. 承载能力大   D. 能传递的中心距大

20. 在一定转速下,要减轻链传动的运动不均匀和动载荷,应( )。
    A. 增大链节距和链轮齿数   B. 减小链节距和链轮齿数
    C. 增大链节距,减小链轮齿数 D. 减小链条节距,增大链轮齿数

21. 为了限制链传动的动载荷,在链节距和小链轮齿数一定时,应限制( )。
    A. 小链轮的转速   B. 传递的功率
    C. 传动比   D. 传递的圆周力

22. 大链轮的齿数不能取得过多的原因是( )。
    A. 齿数越多,链条的磨损就越大
    B. 齿数越多,链传动的动载荷与冲击就越大
    C. 齿数越多,链传动的噪声就越大
    D. 齿数越多,链条磨损后,越容易发生"脱链"现象

23. 链条由于静强度不够而被拉断的现象,多发生在( )情况下。
    A. 低速重载   B. 高速重载   C. 高速轻载   D. 低速轻载

24. 链传动张紧的目的主要是( )。
    A. 使链条产生初始拉力,以使链传动能传递运动和功率
    B. 提高链传动工作能力
    C. 避免松边垂度过大而引起啮合不良和链条振动
    D. 增大包角

25. 链传动人工润滑时,润滑油应加在( )。
    A. 紧边上   B. 链条和链轮啮合处
    C. 松边上   D. 链轮的轴上

26. 滚子链通常设计成链节数为偶数,这是因为( )。
    A. 防止脱链   B. 磨损均匀
    C. 不需要采用受附加弯矩的过渡链节   D. 便于度量

27. ( )对链传动的多边形效应没什么影响。
    A. 链节距   B. 链轮转速   C. 链排数   D. 链轮齿数

28. 小链轮的齿数不能取得过少的主要原因是( )。
    A. 齿数越少,链条的磨损就越大
    B. 齿数越少,链传动的不均匀性和动载荷就越大
    C. 齿数越少,链轮的强度降低
    D. 齿数越少,链条磨损后,越容易发生"脱链"现象

29. 考虑链传动润滑时，如果是定期注油(如每班一次)，应选择(   )。

   A. 油浴润滑　　　B. 滴油润滑　　　C. 人工润滑　　　D. 飞溅润滑

30. 链传动布置时，通常是(   )。

   A. 松边在上、紧边在下　　　　　B. 紧边在上、松边在下

   C. 布置在水平面内　　　　　　　D. 布置在倾斜面内

三、判断题

1. 在相同的条件下，普通V带的传动能力约为平带传动能力的3倍。(   )
2. 带的弹性滑动使传动比不准确、传动效率低、带磨损加快，因此在设计中应避免带出现弹性滑动。(   )
3. 在传动系统中，皮带传动往往放在高速级是因为它可以传递较大的转矩。(   )
4. 带传动的弹性滑动不可避免的原因是瞬时传动比不稳定。(   )
5. V带传动中，其他条件相同时，小带轮包角越大，带传动的承载能力越大。(   )
6. 带传动中，带的离心拉应力与带轮直径有关。(   )
7. 弹性滑动对带传动性能的影响有传动比不准确，主、从动轮的圆周速度不等，传动效率低，带的磨损加快，温度升高，因而弹性滑动是种失效形式。(   )
8. 带传动的弹性滑动是由带的预紧力不够引起的。(   )
9. 当带传动的传递功率过大引起打滑时，松边拉力为0。(   )
10. 若带传动的初始拉力一定，则增大摩擦系数和包角都可提高带传动的极限摩擦力。(   )
11. 传递功率一定时，带传动的速度过低，会使有效拉力加大，所需带的根数过多。(   )
12. 带传动在工作时产生弹性滑动是由于传动过载。(   )
13. 链传动的链节数通常不应选择偶数。(   )
14. 滚子链标记08A－1×88 GB/T 1243—2006，其中1表示滚子链的排数。(   )
15. 链传动的平均传动比为一常数。(   )
16. 由于啮合齿数较少，链传动的脱链通常发生在小链轮上。(   )
17. 链传动中，当两链轮轴线在同一水平面时，通常紧边在上面。(   )
18. 滚子链传动的节距 p 愈大，链的承载能力愈高。因此高速重载传动宜选用大节距链。(   )
19. 链传动的多边形效应是造成瞬时传动比不恒定的原因。(   )
20. 链传动中，当两链轮的齿数相等时，即可保证瞬时传动比为恒定值。(   )
21. 对于高速大功率的滚子链传动，宜选用大节距的链条。(   )
22. 自行车链条磨损严重后，易产生跳齿或脱链现象。(   )
23. 滚子链传动中，当一根链的链节数为偶数时，须采用过渡链节。(   )
24. 链传动可用于低速重载及恶劣的工作条件下。(   )

25. 链传动传递运动可以通过啮合和摩擦两种方式。（　　）
26. 链传动的链节数一般取偶数,链轮齿数一般取奇数。（　　）
27. 链节距越大,链轮的转速越高,则冲击越强烈。（　　）
28. 多排链的承载能力与排数成正比,只要安装空间许可,排数越多越好。（　　）
29. 链传动张紧的目的是增大正压力,提高工作拉力。（　　）

四、简答题

1. 带传动的设计准则是什么？

2. 带传动张紧的目的是什么？张紧轮应安放在松边还是紧边上？内张紧轮应靠近大带轮还是小带轮？

3. 带传动的主要类型有哪些？它们各有何特点？试分析摩擦带传动的工作原理。

4. 什么是有效拉力？什么是初始拉力？它们之间有何关系？

5. 在相同的条件下,为什么三角带比平型带的传动能力大？

6. 带传动为什么要限制其最小中心距?

7. 带传动的弹性滑动是什么原因引起的?对传动影响如何?

8. 带传动的打滑经常在什么情况下发生?打滑多发生在大轮上还是小轮上?

9. 带传动工作时,带截面上产生哪些应力?应力沿带全长是如何分布的?最大应力在何处?

10. 带传动的主要失效形式是什么?

11. V带传动和平型带传动相比较,其主要优点有哪些?

12. 传动平稳、无噪声,能缓冲吸振的传动是什么传动?

13. 摩擦带传动主要依靠什么来传递运动和动力的?

14. 与带传动相比,链传动有哪些优缺点?

15. 按用途不同,链可分为哪几种?

16. 滚子链的接头形式有哪些?

17. 按铰链结构不同,齿形链可分为哪几种?

18. 链传动的可能失效形式有哪些?

项目 6　齿轮传动

项目目标

【知识目标】

1. 掌握齿轮传动的类型和特点；
2. 了解齿轮的结构形式和材料；
3. 掌握齿轮传动的维护；
4. 能够计算齿轮传动的基本参数。

【能力目标】

1. 能够区分齿轮传动的类型及应用场合；
2. 可以查阅相应的机械设计手册，根据实际情况，对机械传动进行基本的分析和设计；
3. 能够区分各类型齿轮的参数和基本尺寸的关系。

【素质目标】

1. 通过对各类齿轮传动特点的了解，养成实事求是的科学精神和求真务实的辩证思维；
2. 通过对标准齿轮主要参数的掌握，提升遵守标准规范的职业意识和学以致用的职业素养。

项目描述

减速器是原动机和工作机之间独立的封闭传动装置，是一种比较精密的机械，如图 6-1 所示。减速器的主要作用是减速增扭，即降低转速，增加扭矩。工作中，电机的输出功率是一定的，当用减速器降低传动速度时，可以获得更高的输出扭矩，从而获得更大的驱动力；汽车主减速器还具有改变动力输出方向，实现左右轮差速或中后桥差速的功能。此外，减速器还可以维护电机，降低车辆的油耗和噪声，延长车辆的使用寿命。

项目6　齿轮传动

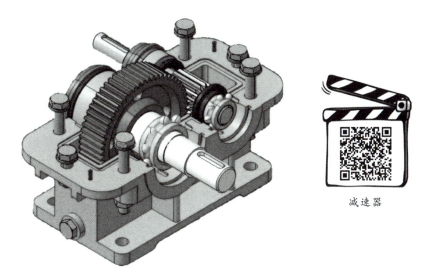

减速器

图6-1　单级(一级)圆柱齿轮减速器

项目分析

减速器作为常见机械中的重要部件,为满足工作需求,需要多种连接件、支撑件和传动装置相互配合。减速器的传动装置主要是齿轮传动(如圆柱齿轮传动、锥齿轮传动、蜗杆传动等);传动时,当电机的输出速度从驱动轴输入时,它将驱动小齿轮转动,小齿轮驱动大齿轮转动。大齿轮的齿数多于小齿轮,因而大齿轮的速度比小齿轮慢,然后大齿轮的轴输出,最终达到减速的目的。

为达成本项目学习目标,需要完成如下学习任务:

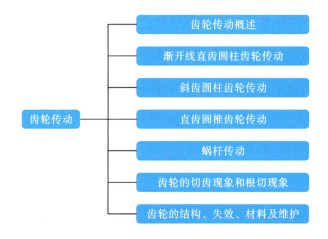

知识链接 6.1　齿轮传动概述

汽车行驶时,减速器需要由齿轮传动完成降速增扭;生活中,机械手表内部同样布置着大小不同的齿轮(图6-2),且手表内各类齿轮紧密配合,准确地传递运动,表示精确时间点。机械中的齿轮传动有哪些不同的类型?传动时又有什么特点?

图6-2　机械手表中的齿轮

一、齿轮传动的特点及应用

齿轮传动由主动轮、从动轮和支承件等组成,利用轮齿间啮合形成的齿轮副传递运动和动力。齿轮传动时传动比准确、运行平稳、机械效率高、使用寿命长、机构紧凑、工作安全可靠,但制造成本较高,精度低时振动和噪声大,不宜用于轴间距离较大的传动。

齿轮传动广泛用于汽车、飞机、船舶、机床、起重机械、矿山机械、轻工机械和仪器仪表等行业,是应用最为广泛的机械传动之一。

二、齿轮传动的类型

齿轮传动的类型很多,可按不同方法进行的分类。

1. 根据齿轮的传动轴相对位置分类

根据传动轴相对位置不同,齿轮可分为平行轴齿轮传动、相交轴齿轮传动和交错轴齿轮传动三种。

(1)平行轴齿轮传动:齿轮传动中,两齿轮在同一平面内运动,两者轴线相互平行,如图6-3所示。

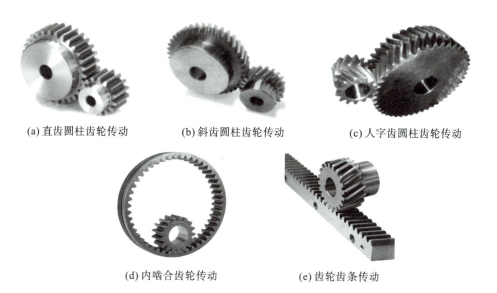

(a) 直齿圆柱齿轮传动　　　(b) 斜齿圆柱齿轮传动　　　(c) 人字齿圆柱齿轮传动

(d) 内啮合齿轮传动　　　(e) 齿轮齿条传动

图 6-3　平行轴齿轮传动

| 外啮合直齿 | 外啮合斜齿 | 外啮合人字齿 | 内啮合齿 | 斜齿轮齿 |
| 齿轮传动 | 齿轮传动 | 齿轮传动 | 轮传动 | 条传动 |

做平行轴齿轮传动的圆柱齿轮分为直齿圆柱齿轮、斜齿圆柱齿轮、人字齿圆柱齿轮等。一对圆柱齿轮传动,无论是外啮合,还是内啮合关系,齿轮轴线在空间中均相互平行。外啮合的一对齿轮,传动方向相反;内啮合的一对齿轮,传动方向相同;齿轮齿条的传动与一对内啮合圆柱齿轮传动类似,因此齿轮与齿条的传动方向相同。

(2) 相交轴齿轮传动:齿轮传动中,两齿轮不在同一个平面内运动,两者轴线相交,如图 6-4 所示。

(a) 直齿圆锥齿轮传动　　　(b) 斜齿圆锥齿轮传动

图 6-4　相交轴齿轮传动

直齿圆锥齿轮传动　　　　斜齿圆锥齿轮传动

做相交轴齿轮传动的锥齿轮可分为直齿圆锥齿轮、斜齿圆锥齿轮等。一对锥齿轮传动,两齿轮轴线在空间中相交;传动时,两齿轮运动方向是同时进入或同时背离啮合处。

(3)交错轴齿轮传动:齿轮传动中,两齿轮不在同一个平面内运动,两者轴线在空间交错,既不平行也不相交,如图6-5所示。

常见的交错轴齿轮传动有交错轴斜齿轮传动、蜗杆传动、准双曲面齿轮传动等。

(a) 交错轴斜齿轮传动　　　(b) 蜗杆传动　　　(c) 准双曲面齿轮传动

图6-5　交错轴齿轮传动

交错轴斜齿轮传动　　　蜗杆传动　　　准双曲面齿轮传动

2. 根据齿轮工作环境分类

根据工作环境不同,齿轮可分为闭式、开式和半开式齿轮传动。

闭式齿轮传动的齿轮副封闭在刚性箱体内,并能保证良好的润滑,采用较多,尤其是速度较高的齿轮传动,必须采用闭式传动;开式齿轮传动的齿轮副外露,易受灰尘及有害物质侵袭,不能保证良好的润滑,仅用于低速或不重要的传动;半开式齿轮传动介于二者之间。

3. 根据轮齿齿廓曲线分类

根据轮齿齿廓曲线不同,齿轮可分为圆弧、摆线和渐开线齿轮传动等,其中渐开线齿轮传动应用最广。

摆线齿轮是齿廓为各种摆线或其等距曲线的圆柱齿轮的统称,如图6-6所示。摆线齿轮的齿数很少,常用在仪器仪表中,较少用作动力传动,其派生型——摆线针轮传动应用较多,如图6-7所示。

图6-6 摆线齿轮传动

图6-7 摆线针轮行星减速器元件

圆弧齿轮是一种以圆弧作为齿形的斜齿轮,如图6-8所示。1907年,英国人弗兰克·哈姆·菲利斯发明了圆弧齿形。20世纪50年代,出现了点啮合的圆弧齿轮,主要适用于高速重载场合。

图6-8 一对斜齿圆弧齿轮

用渐开线作为齿轮齿廓曲线,最早可追溯到1694年,法国的海尔首先提出渐开线可作为齿形曲线。1765年,瑞士数学家欧拉对齿廓进行了解析研究,他认为把渐开线作为齿轮的齿廓曲线是合适的。后来萨瓦里进一步完善了这一理论解析方法,成为现在研究齿廓时广泛采用的Euler-Savary(欧拉-萨瓦里)方程式。1837年,英国的威利斯指出,当中心距变化时,渐开线齿轮具有角速比不变的优点,威利斯创造了制造渐开线齿轮的简单方法。后来渐开线齿轮的优越性逐渐为人们所认识,最后,在生产中,渐开线齿轮逐步取代了摆线齿轮,应用日趋广泛。1900年,普福特首创了万能滚齿机,用范成法切制齿轮占据压倒性优势,渐开线齿轮在全世界逐渐占统治地位。

为了满足工业发展的要求,后来又出现了阿基米德螺旋线齿轮、抛物线齿轮、准双曲面齿轮、椭圆齿轮、综合曲线齿轮、无名曲线齿轮等。所有这些齿形都是为了适应各种不同的要求,亦在不断地改进,而新的齿形亦在不断地产生。

三、渐开线

1. 渐开线的形成

如图 6-9(a) 所示,当一直线 BK 沿圆周从位置 Ⅰ 做纯滚动到位置 Ⅱ 时,直线上任一点 K 的轨迹形成一条曲线 AK,则曲线 AK 称为该圆的**渐开线**,该圆称为渐开线的**基圆**,直线 BK 称为**渐开线的发生线**。渐开线齿轮的轮齿就是由以同一基圆形成的两条反向渐开线组成的,如图 6-9(b) 所示。

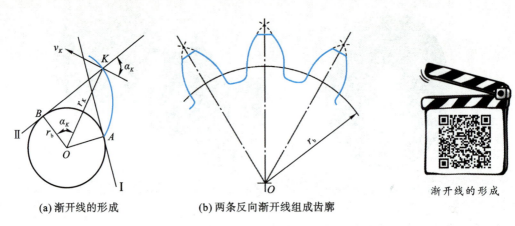

(a) 渐开线的形成　　(b) 两条反向渐开线组成齿廓

图 6-9　渐开线齿廓

2. 渐开线的基本性质

渐开线的性质

(1) 发生线在基圆上滚过的一段长度等于基圆上相应被滚过的一段弧,即 $\overline{BK}=\overparen{AB}$。

(2) 发生线 BK 是渐开线 K 点的法线,且与基圆相切。

由图 6-9(a) 可知,形成渐开线时,K 点附近的渐开线看成以 B 点为圆心,以 $\overline{BK}$ 为半径的一段圆弧。因此,B 点是渐开线在 K 点的曲率中心,BK 是渐开线上 K 点的法线。又因为发生线在各个位置与基圆相切,所以渐开线上任一点的法线必与基圆相切。

(3) 渐开线齿廓上任意 K 点的法线与该点的速度方向所夹的锐角称为该点的**压力角**。

渐开线上各处的压力角是变化的,r_K 越大(即 K 点离圆心 O 越远),其压力角越大,反之越小,基圆上的压力角等于 0,如图 6-10(a) 所示。

(4) 渐开线的形状取决于基圆的大小。基圆半径越小,渐开线越弯曲;基圆半径越大,渐开线越趋平直,如图 6-10(b) 所示。当基圆半径趋于无穷大时,渐开线便成为一条斜直线(齿条齿廓)。

(5) 渐开线是从基圆开始向外逐渐展开的,故基圆以内无渐开线。

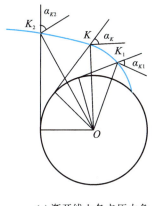 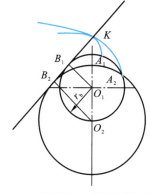

(a) 渐开线上各点压力角　　(b) 渐开线形状与基圆半径的关系

图 6-10　渐开线

(1) 课堂上所学的齿轮传动类型主要有哪些？
(2) 汽车有哪些部件使用齿轮传动？

◆ 知识链接 6.2　渐开线直齿圆柱齿轮传动

齿轮传动中，同类齿轮的轮齿部位相互啮合传动。请思考一下，齿轮的主要结构有哪些？一个齿轮各部位的尺寸如何确定？一对齿轮要准确传动，需要满足哪些条件？

一、齿轮的结构和基本参数

1. 直齿圆柱齿轮的各结构名称和符号

根据《齿轮 术语和定义》，圆柱齿轮各部分名称和表示符号，如图 6-11 所示。

1) 齿顶圆、齿根圆、分度圆、基圆

① 齿顶圆：齿顶所在的圆，其直径和半径分别用 d_a 和 r_a 表示。

② 齿根圆：齿根所在的圆，其直径和半径分别用 d_f 和 r_f 表示。

③ 分度圆：为设计、制造方便，将齿轮上一个圆作为度量齿轮尺寸的基准，这个圆称为分度圆，其直径和半径分别用 d 和 r 表示。在分度圆上，齿厚宽、齿槽宽和齿距分别用 s、e 和 p 表示，有 $p=s+e$。一般情况下，如无特殊说明，提起齿厚、齿槽宽和齿距都指的是分度圆上的齿

厚、齿槽宽和齿距。

④基圆：渐开线齿廓上渐开线部分形成时所对应的圆，其直径和半径分别用 d_b 和 r_b 表示。

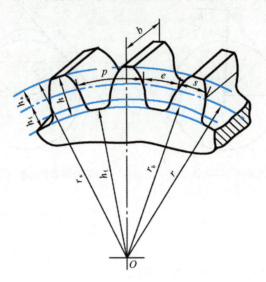

图 6-11　直齿圆柱齿轮的结构

2) 齿厚、齿槽宽、齿距

①齿厚：任意圆周上的一个轮齿两侧齿廓间的弧长，用 s_i 表示。

②齿槽宽：任意圆周上的一个齿槽两侧齿廓间的弧长，用 e_i 表示。

③齿距：任意圆周上的相邻两齿同侧齿廓之间的弧长，用 p_i 表示，$p_i = s_i + e_i$。

3) 齿顶高、齿根高、齿全高

①齿顶高：介于分度圆与齿顶圆之间的径向高度，用 h_a 表示。

②齿根高：介于分度圆与齿根圆之间的径向高度，用 h_f 表示。

③齿全高(齿高)：齿顶圆与齿根圆之间的径向高度，用 h 表示，$h = h_a + h_f$。

2. 直齿圆柱齿轮的基本参数

在实际表达直齿圆柱齿轮的几何尺寸时往往用齿轮的基本参数来表达。齿轮的基本参数有齿数、模数、压力角、齿顶高系数和顶隙系数等。

(1) 齿数 z。在齿轮圆周上的轮齿总数叫做**齿数**，用符号 z 表示。在设计时，可以由设计的计算结果确定其数目。

(2) 模数 m。由齿数 z 及齿距 p 的概念可获知分度圆的周长 $\pi d = zp$，则 $d = zp/\pi$，因式中 π 为无理数，为了便于设计、制造、检验及互换使用，将 p/π 的比值制定为标准值，称为**模数**，用 m 表示，单位为 mm，即 $m = p/\pi$。

由此，分度圆直径为

$$d = mz \tag{6-1}$$

模数 m 是齿轮几何尺寸计算的一个重要参数。对于相同齿数的齿轮,模数愈大,齿轮的几何尺寸愈大,轮齿也愈大,如图 6-12 所示。

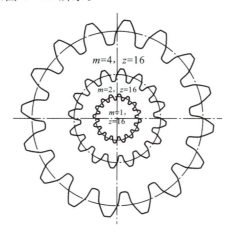

图 6-12 模数对齿轮尺寸的影响

模数已标准化,GB/T 1357—2008 规定了齿轮的标准模数系列,设计时应选择标准模数。渐开线圆柱齿轮的模数系列如表 6-1 所示。

表 6-1 标准模数系列表

第Ⅰ系列	1、1.25、1.5、2、2.5、3、4、5、6、8、10、12、16、20、25、32、40、50
第Ⅱ系列	1.125、1.375、1.75、2.25、2.75、3.5、4.5、5.5、(6.5)、7、9、11、14、18、22、28、36、45

注:①本表用于渐开线圆柱齿轮。对斜齿齿轮指法向模数。
②选用模数时,应优先采用第Ⅰ系列,其次是第Ⅱ系列。括号内的模数尽可能不用。

(3)压力角 α。分度圆上压力角标记为 α。如图 6-9(a)所示,渐开线上 K 点的压力角 α_K 可用 $\cos\alpha_K = r_b/r_K$ 表示,则渐开线齿轮分度圆上的压力角可表示为

$$\cos\alpha = \frac{r_b}{r} \tag{6-2}$$

式中,r_b——基圆半径,mm;
r——分度圆半径,mm。

国家标准规定,标准齿轮分度圆上的压力角 $\alpha = 20°$。

(4)齿顶高系数 h_a^* 和顶隙系数 c^*。

齿顶高

$$h_a = h_a^* m$$

齿根高

$$h_f = (h_a^* + c^*)m$$

以上两式中，h_a^* 为齿顶高系数，c^* 为顶隙系数。国家标准中规定 h_a^*、c^* 的标准值为：正常齿 $h_a^*=1$，$c^*=0.25$；短齿 $h_a^*=0.8$，$c^*=0.3$。

一对轮齿啮合时，一个齿轮的齿顶圆到另一个齿轮的齿根圆之间的径向距离，称为**顶隙**。顶隙用 c 表示，标准齿轮顶隙 $c=c^*m$。顶隙不仅可以避免传动时轮齿相互顶撞，而且还可储存润滑油。

二、渐开线标准直齿圆柱齿轮几何尺寸计算公式

1. 外齿轮

当齿轮的模数、压力角、齿顶高系数和顶隙系数都取标准值，且分度圆上的齿厚 s 与齿槽宽 e 相等时，该齿轮称为标准齿轮。对于标准外圆柱齿轮，其几何尺寸计算公式如表 6-2 所示。

表 6-2 外啮合渐开线标准直齿圆柱齿轮的几何尺寸计算公式

名称	符号	计算公式	名称	符号	计算公式
模数	m	计算后从表 6-1 中选取	齿根高	h_f	$h_f=m(h_a^*+c^*)$
压力角	α	$\alpha=20°$	齿全高	h	$h=m(2h_a^*+c^*)$
齿顶高系数	h_a^*	正常齿取 1.0	齿距	p	$p=\pi m$
齿隙系数	c^*	正常齿取 0.25	齿厚	s	$s=\pi m/2$
分度圆直径	d	$d=mz$	齿槽宽	e	$e=\pi m/2$
齿顶圆直径	d_a	$d_a=m(z+2h_a^*)=d+2h_a$	标准中心距	a	$a=\dfrac{m(z_1+z_2)}{2}=\dfrac{d_1+d_2}{2}$
齿顶高	h_a	$h_a=h_a^* m$			

2. 内齿轮

图 6-13 所示为直齿内齿轮的部分轮齿，与外齿轮相比，内齿轮有如下特点。

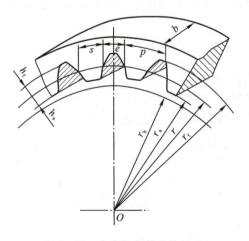

图 6-13 内齿轮各部分的尺寸

(1) 内齿轮的直径大小关系为 $d_f > d > d_a > d_b$。
(2) 齿轮的齿廓是内凹的,它的齿厚和齿槽宽分别等于与其啮合的外齿轮的齿槽宽和齿厚。
(3) 内齿轮的几何尺寸:

$$d_a = (d - 2h_a)$$

$$d_f = (d + 2h_f)$$

3. 齿条

齿条是齿轮的一种特殊形式,即当齿轮的轮齿为无穷多时,其圆心将位于无穷远处,则齿轮的各圆都变成相互平行的直线,渐开线齿廓也变成直线齿廓,如图 6-14 所示。

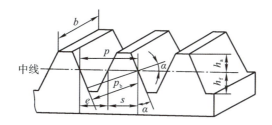

图 6-14 齿条各部分的尺寸和符号

齿条齿形有如下特点:
(1) 齿条两侧齿廓是由对称的斜直线组成的,因此与齿顶线平行的各条直线上具有相同的齿距,但是只有齿条分度线上的齿厚等于齿槽宽。
(2) 齿条齿廓上各点的法线互相平行,齿廓上各点的压力角相等。
(3) 标准齿条的齿顶高和齿根高与标准直齿圆柱齿轮的计算公式相同,它的齿顶圆、齿根圆、分度圆及基圆半径都可看作是无穷大。

三、渐开线标准直齿圆柱齿轮传动

1. 渐开线齿轮的啮合传动过程

一对齿轮啮合传动,是依靠主动齿轮的齿廓推动从动齿轮的齿廓来实现的,如图 6-15 所示。图中两条渐开线齿廓在任意一点啮合,过该点作这两条渐开线的公法线 N_1N_2,由于渐开线的法线也是两基圆的内公切线,因此渐开线齿轮啮合时,各啮合点始终沿着两基圆的内公切线 N_1N_2 移动,N_1N_2 称为啮合线。

齿轮啮合传动中,主动轮、从动轮啮合点的轨迹是一条直线。

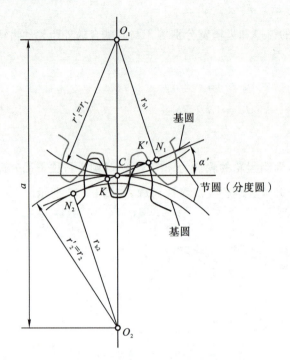

渐开线直齿圆柱
齿轮的啮合线

图 6-15　渐开线齿轮啮合

当主动齿轮 1 顺时针转动后，通过轮齿间的啮合运动，从动齿轮 2 逆时针转动。在此传动过程中，可以观察到任意一对轮齿间的啮合过程：

①开始啮合时，主动轮的齿根部分推动从动轮的齿顶，此时从动轮的齿顶圆与啮合线 N_1N_2 的交点为 K'；

②当两轮继续转动时，啮合点在主动轮轮齿上向齿顶移动，在从动轮轮齿上向齿根移动；

③终止啮合时，从动轮的齿根部分和主动轮的齿顶脱离接触，此时主动轮的齿顶圆与啮合线 N_1N_2 的交点为 K。

可见，线段 KK' 为齿轮啮合点的实际轨迹，即线段 KK' 为实际啮合线段。

若将两齿顶圆加大，则 K 和 K' 就更接近点 N_2 和 N_1。又因基圆内无渐开线，故线段 N_1N_2 为理论最大的啮合线段，称为理论啮合线段。

2. 渐开线标准直齿齿轮传动的特点

1）传动比恒定

齿轮的传动比是指主、从动轮的角速度之比，习惯上也用主、从动轮的转速之比表示，即

$$i_{12}=\frac{\omega_1}{\omega_2}=\frac{n_1}{n_2} \tag{6-3}$$

式中，下标 1 代表数据与主动轮相关，下标 2 代表数据与从动轮相关。

由渐开线齿轮的性质可知,渐开线齿轮啮合时,同一方向的啮合线只有一条,所以它与两齿轮的连心线 O_1O_2 的交点 C 必为一固定点。

由图 6-15 可知,

$$i_{12} = \frac{\omega_1}{\omega_2} = \frac{n_1}{n_2} = \frac{O_2C}{O_1C} = \frac{r'_2}{r'_1} = \frac{r_{b2}}{r_{b1}} \qquad (6-4)$$

式(6-4)表明两轮的传动比与两轮的基圆半径成反比,且为一定值。这就保证了齿轮传动的平稳性。

啮合线与连心线的交点 C 称为**节点**。分别以 O_1、O_2 为圆心,以 O_1C、O_2C 为半径作圆,称为**节圆**。它们分别是主、从动齿轮的节圆,其半径分别以 r'_1 和 r'_2 表示。从图 6-15 可知,一对齿轮传动时,两齿轮在节点处的速度相等,即 $v_1 = \omega_1 r'_1$,$v_2 = \omega_2 r'_2$,$v_1 = v_2$,因此一对齿轮的啮合可以看作两个节圆的纯滚动。进行公式推导,可得出两齿轮的传动比也等于两节圆半径的反比。

2)中心距具有可分性

渐开线圆柱齿轮机构的两轮中心距的微小变化不影响传动比,这一特点称为中心距的可分性。由式(6-4)可知,两轮的传动比不仅与两轮的节圆半径成反比,而且与基圆半径成反比。两轮中心距的变化只改变两轮的节圆半径,齿轮制成后,其基圆就已确定,不因中心距的变化而有所改变。因此,即使两轮的实际中心距与设计中心距有点偏差,也不会改变其传动比。实际工作中,由于制造和安装误差,以及轴承磨损等原因,齿轮的实际中心距与设计中心距往往不相等,但由于渐开线齿廓啮合具有中心距的可分性,故仍可保持定传动比传动。这就给制造、安装、调试都提供了便利。

3)传动的作用力方向不变

在渐开线齿廓啮合过程中,每个瞬时的接触点都在直线 N_1N_2 上,齿廓间在啮合点相互作用的压力方向沿着法线方向,即啮合线方向。由于啮合线为与两轮基圆相切的固定直线,故齿廓间作用的压力方向始终不变,这对齿轮的平稳性是很有利的。

啮合线 N_1N_2 与两节圆公切线所夹的锐角称为**啮合角**,用 α' 表示,如图 6-15 所示。

3. 渐开线齿轮传动的条件

1)正确啮合条件

如图 6-16 所示,一对渐开线齿轮齿廓的啮合点都应在啮合线 N_1N_2 上,为使每对轮齿都能正确地进入啮合,即在交替啮合时,轮齿既不脱开又不相互嵌入,要求前一对轮齿在啮合线 K 点啮合时(尚未脱离啮合),后一对轮齿就在啮合线的另一点 K' 接触,只有这样,两个齿轮的各对轮齿交错啮合过程中才不致出现卡死或冲击现象。

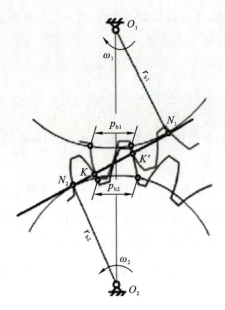

图 6-16 渐开线直齿轮正确啮合的条件

KK' 的长度即为齿轮 1 和齿轮 2 的法向齿距，$p_{n1} = p_{n2}$。由渐开线性质可知，法向齿距 p_n 与基圆齿距 p_b 相等，即

$$p_{b1} = p_{b2}$$

又因为 $p_b = p\cos\alpha = \pi m \cos\alpha$，代入上式，得

$$m_1 \cos\alpha_1 = m_2 \cos\alpha_2$$

式中 m、α 均已标准化，所以，一对齿轮正确啮合的条件是：两齿轮的模数和分度圆压力角分别相等并为标准值，即

$$\left. \begin{array}{l} m_1 = m_2 = m \\ \alpha_1 = \alpha_2 = \alpha \end{array} \right\} \quad (6-5)$$

这样，一对齿轮的传动比公式可写成

$$i_{12} = \frac{\omega_1}{\omega_2} = \frac{n_1}{n_2} = \frac{d_2'}{d_1'} = \frac{d_{b2}}{d_{b1}} = \frac{d_2}{d_1} = \frac{z_2}{z_1} \quad (6-6)$$

2) 连续传动条件

由图 6-16 所示的啮合过程可以看出，要实现齿轮的连续传动，必须在前一对轮齿刚要退出尚未退出啮合时，后一对轮齿刚好或提前进入啮合，即 $\overline{KK'} > p_b$。通常把实际啮合线长度与基圆齿距之比称为**重合度**，用 ε 表示。齿轮连续传动的条件是

$$\varepsilon = \frac{\overline{KK'}}{p_b} \geqslant 1 \quad (6-7)$$

重合度不仅是齿轮传动的连续性条件，而且是衡量齿轮承载能力和传动平稳性的重要指标。为可靠起见，通常取重合度 $\varepsilon > 1$，ε 越大，表示同时参与啮合的齿数愈多，其承载能力也愈

强,传动也愈平稳。经计算分析,重合度的大小主要与齿数 z 有关,齿数 z 越大,重合度 ε 就越大。

渐开线标准齿轮的重合度恒大于 1。在一般机械中,常取 ε=1.1~1.4。

3) 标准安装条件

为了避免齿轮传动正、反方向工作时产生冲击和噪声,就要使齿轮实现无侧隙啮合,即两齿轮节圆齿厚、齿槽宽应满足

$$s'_1 = e'_2, s'_2 = e'_1$$

正确啮合的标准齿轮,其模数和压力角均相等,且分度圆齿厚、齿槽亦相等,即 $s_1=e_1=s_2=e_2$。因此,当分度圆和节圆重合时,便可满足无侧隙啮合条件,这种安装方法称为标准安装。

标准安装时,对于外啮合传动,其标准中心距为

$$a = r'_1 + r'_2 = r_1 + r_2 = \frac{m}{2}(z_1 + z_2) \qquad (6-8)$$

对于内啮合传动,假设 $r_2 > r_1$,其标准中心距为

$$a = r'_2 - r'_1 = r_2 + r_1 = \frac{m}{2}(z_2 - z_1) \qquad (6-9)$$

标准齿轮只有按标准中心距安装时,节圆才与分度圆重合。在实际齿轮传动中,为了避免因制造与安装误差、弹性变形和热膨胀引起卡住,齿轮必须有一定的齿侧间隙。齿侧间隙很小,通常由轮齿的齿厚偏差来保证。

需要指出的是,分度圆和压力角是单个齿轮上所具有的参数,节圆和啮合角是一对齿轮啮合时才出现的几何参数。单个齿轮不存在节圆和啮合角。标准齿轮标准安装时,节圆和分度圆重合,此时压力角与啮合角相等。

一对符合标准安装条件的齿轮传动时工作效率更高、协调性更好,并能提高相应机械设备的性能和效率。引申到个人,作为一个合格的公民,须学习正确地行使公民的权利和义务,更好地参与社会主义建设和发展。作为公民,我们每个人的角色都与齿轮相似,都是为了整体的协调和发展努力。

任务训练

已知减速器内一对外啮合标准直齿圆柱齿轮,其参数为 $z_1=20, z_2=32, m=10$ mm, $α=20°, h_a^*=1, c^*=0.25$,试计算其分度圆、齿顶圆、齿根圆直径、分度圆齿厚、齿槽宽和中心距。

知识链接6.3 斜齿圆柱齿轮传动

通过学习直齿圆柱齿轮的相关知识,我们已经掌握了直齿圆柱齿轮的主要结构、基本参数及两齿轮的正确啮合条件。那么斜齿圆柱齿轮的主要结构、基本参数及正确啮合条件是什么呢?对比直齿圆柱齿轮传动,斜齿圆柱齿轮传动时有哪些特点,更适用于哪些工作场合?

一、斜齿圆柱齿轮传动特点及应用

直齿圆柱齿轮的齿廓曲面是发生面在基圆柱上做纯滚动时,发生面上一条与齿轮轴相平行的直线所展成的渐开线曲面。当两个直齿圆柱齿轮啮合时,两齿廓曲面的接触线是齿廓曲面与啮合面的交线,该接触线是与齿轮轴线平行的直线,如图6-17(a)所示。因此,直齿圆柱齿轮在进入啮合或退出啮合时,在理论上是以整个齿宽同时进入或同时退出的,即突然加载或突然卸载,这就使得传动的平稳性较差,冲击、振动和噪声较大。

斜齿圆柱齿轮齿廓曲面的形成原理与直齿圆柱齿轮相似,如图6-17(b)所示。当发生面沿着基圆柱面做纯滚动时,形成轨迹就是斜齿圆柱齿轮的齿廓曲面。该齿廓曲面与基圆柱面的交线是一条螺旋线,其螺旋角就等于β_b,称为斜齿轮基圆柱上的螺旋角。

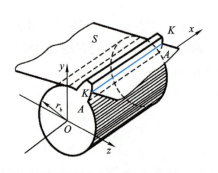
(a) 直齿圆柱齿轮的齿廓曲面

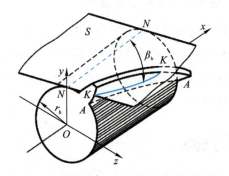
(b) 斜齿圆柱齿轮的齿廓曲面

图6-17 圆柱齿轮齿廓曲面

直齿圆柱齿轮传动时齿面接触线是等长的,如图6-18(a)所示;斜齿圆柱齿轮传动时齿面接触线不是等长的,齿面接触线的长度随啮合位置而变化,其接触线长度经历由短变长,再由长变短,如图6-18(b)所示。斜齿轮轮齿在交替啮合时,载荷是逐渐增加、逐渐卸掉的。

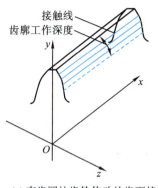 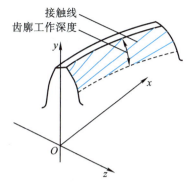

(a) 直齿圆柱齿轮传动的齿面接触线　　(b) 斜齿圆柱齿轮传动的齿面接触线

图 6-18　齿轮传动齿面接触线

二、斜齿圆柱齿轮的基本参数

斜齿圆柱齿轮与直齿圆柱齿轮结构类似，其参数也与直齿圆柱齿轮类似，不同之处是因斜齿圆柱齿轮的轮齿相对轴线有一定的倾斜角度，故有一个重要参数——螺旋角。

1. 螺旋角

图 6-19 所示为斜齿圆柱齿轮分度圆柱的展开图。图中螺旋线展开所得的斜直线与轴线之间的夹角 β 称为分度圆柱面螺旋角（简称**螺旋角**），它是斜齿轮的一个重要参数，可定量地反映轮齿的倾斜程度。螺旋角太小，不能充分显示斜齿轮传动的优点；螺旋角太大，则轴向力太大，将给设计和传动带来不利和困难，一般取 $\beta=8°\sim20°$。

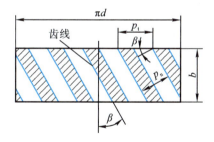

图 6-19　斜齿圆柱齿轮法面与端面的关系

根据螺旋线的旋向不同，斜齿圆柱齿轮可分为左旋齿轮和右旋齿轮，具体判断方法可使用右手定则。如图 6-20 所示，右手手心对着自己，四根手指的指向与齿轮轴线方向保持一致，若斜齿圆柱齿轮的齿向与右手拇指指向相同，则代表该齿轮为右旋齿轮，反之为左旋齿轮。

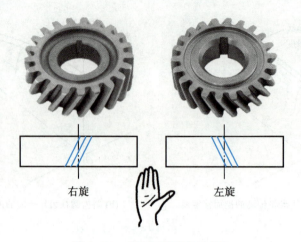

图 6-20 斜齿圆柱齿轮的旋向

2. 模数

除螺旋角 β 以外,斜齿轮有模数、齿数、压力角、齿顶高系数和顶隙系数 5 个参数。但由于有了螺旋角,斜齿轮的各参数均有端面和法面之分,并分别用下标 t 和 n 以示区别,并且两者之间均有一定的对应关系。由图 6-19 可知,法面齿距和端面齿距的关系为

$$p_n = p_t \cos\beta \tag{6-10}$$

因为 $p_n = \pi m_n$, $p_t = \pi m_t$,故

$$m_n = m_t \cos\beta \tag{6-11}$$

3. 压力角

斜齿圆柱齿轮的分度圆在端面内的压力角称为端面压力角,用 α_t 表示;在法面内的压力角称为法面压力角,用 α_n 表示。根据几何关系推导可得

$$\tan\alpha_n = \cos\beta\tan\alpha_t \tag{6-12}$$

4. 齿顶高系数和顶隙系数

斜齿圆柱齿轮的端面、法面齿顶高系数 h_{at}^*、h_{an}^*,端面、法面顶隙系数 c_t^*、c_n^* 之间的关系分别为

$$\left.\begin{array}{l} h_{at}^* = m_{an}^* \cos\beta \\ c_t^* = c_n^* \cos\beta \end{array}\right\} \tag{6-13}$$

三、标准斜齿圆柱齿轮几何尺寸的计算公式

加工斜齿轮时,刀具沿着螺旋线方向,即垂直于法面方向切齿,故斜齿轮的法面参数与刀具相同,即法向模数为标准值;但为了测量方便,计算斜齿轮几何尺寸时,常按端面参数进行,且与直齿轮的计算公式的形式相同,如表 6-3 所示。

表 6-3 标准斜齿圆柱齿轮的几何尺寸计算

几何尺寸	符号	计算公式	几何尺寸	符号	计算公式
分度圆直径	d	$d=m_t z=m_n z/\cos\beta$	齿根高	h_f	$h_f=1.25m_n$
齿顶圆直径	d_a	$d_a=d+2h_a$	全齿高	h	$h=h_a+h_f=2.25m_n$
齿根圆直径	d_f	$d_f=d-2h_f$	顶隙	c	$c=0.25m_n$
齿顶高	h_a	$h_a=m_n$	标准中心距	a	$a=m_n(z_1+z_2)/(2\cos\beta)$

四、斜齿圆柱齿轮正确啮合条件

一对斜齿圆柱齿轮传动时的正确啮合条件如下：

(1) 两斜齿轮的法面模数相等。

(2) 两斜齿轮的法面压力角相等。

(3) 若为外啮合传动，则两斜齿轮的螺旋角大小相等，方向相反；若为内啮合传动，则两斜齿轮的螺旋角大小相等，方向相同。

外啮合：

$$\left.\begin{array}{l} m_{n1}=m_{n2}=m_n \\ \alpha_{n1}=\alpha_{n2}=\alpha_n \\ \beta_1=-\beta_2 \end{array}\right\} \quad (6-14)$$

内啮合：

$$\left.\begin{array}{l} m_{n1}=m_{n2}=m_n \\ \alpha_{n1}=\alpha_{n2}=\alpha_n \\ \beta_1=\beta_2 \end{array}\right\} \quad (6-15)$$

齿轮的构成及传动中涉及大量的参数、公式，计算量比较大，需要反复地计算验证。一定要戒骄戒躁、一丝不苟地按规范要求进行各项操作，增强职业技能，培养细心、严谨的工作作风，践行工匠精神。

课堂互动

(1) 直齿圆柱齿轮传动和斜齿圆柱齿轮传动的正确啮合条件有哪些不同？

(2) 相比于直齿圆柱齿轮，斜齿圆柱齿轮在传动中有哪些优势？

知识链接 6.4 直齿圆锥齿轮传动

对于圆柱齿轮的主要结构及传动时的正确啮合条件,我们已经有所掌握。相比于圆柱齿轮,圆锥齿轮传动属于相交轴齿轮传动。那么,圆锥齿轮传动有哪些特点?其正确啮合条件是什么?适用于哪些场合?

1. 直齿圆锥齿轮传动的特点及应用

圆锥齿轮用于传递两相交轴之间的传动,其轮齿分布在一个截锥体上。按照分度圆锥上的齿向,圆锥齿轮可分为直齿、斜齿和曲线圆锥齿轮等。直齿圆锥齿轮的设计、制造和安装都比较简单,应用较广泛;曲线圆锥齿轮传动平稳、承载能力高,常用于高速负载传动,如汽车、拖拉机的差速器中;斜齿圆锥齿轮应用相对较少。下面主要介绍直齿圆锥齿轮。与直齿圆柱齿轮对应,直齿圆锥齿轮有分度圆锥面、齿顶圆锥面和齿根圆锥面等,如图 6-21 所示。一般标准直齿圆锥齿轮传动多采用轴间夹角 $\Sigma=90°$。

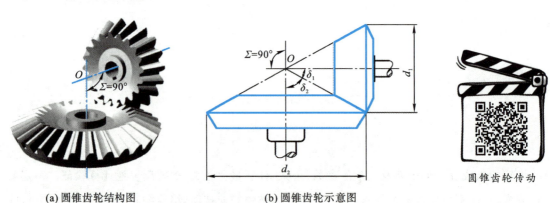

(a) 圆锥齿轮结构图　　(b) 圆锥齿轮示意图

图 6-21　圆锥齿轮传动

2. 直齿圆锥齿轮的主要参数

(1) 模数。直齿圆锥齿轮的模数同样已由国家标准规定。为了便于计算和测量,取圆锥齿轮大端的参数为标准。在大端的分度圆上,模数按国家标准规定的模数系列取值。

(2) 分度圆锥角。直齿圆锥齿轮轴线与分度圆锥面所夹的锐角称为分度圆锥角,用 δ 表示,如图 6-21(b) 所示。

(3) 轴交角。相互啮合时两直齿圆锥齿轮轴线之间的夹角称为**轴交角**,用 Σ 表示。一般机械中,通常采用 90°轴交角的直齿圆锥齿轮传动,即 $\Sigma=\delta_1+\delta_2=90°$。

(4)压力角、齿顶高系数及顶隙系数。国家标准规定,标准直齿圆锥齿轮的压力角 $\alpha=20°$,正常齿的齿顶高系数 $h_a^*=1$,顶隙系数 $c^*=0.2$。

3. 直齿圆锥齿轮几何尺寸的计算公式

啮合轴交角 $\Sigma=90°$ 的标准直齿圆锥齿轮的几何尺寸计算公式如表 6-4 所示。

表 6-4 $\Sigma=90°$ 的标准直齿圆锥齿轮的几何尺寸计算公式

几何尺寸	符号	计算公式	几何尺寸	符号	计算公式
大端模数	m	根据国家标准选取	分度圆直径	d_1、d_2	$d_1=mz_1$ $d_2=mz_2$
传动比和锥角	i、δ_1、δ_2	$i=\cot\delta_1=\tan\delta_2$	齿根圆直径	d_{f1}、d_{f2}	$d_{f1}=d_1-2h_f\cos\delta_1$ $d_{f2}=d_2-2h_f\cos\delta_2$
齿顶高	h_a	$h_a=mh_a^*$	齿顶圆直径	d_{a1}、d_{a2}	$d_{a1}=d_1+2h_a\cos\delta_1$ $d_{a2}=d_2+2h_a\cos\delta_2$
齿全高	h_f	$h_f=m(h_a^*+c^*)=1.2m$	齿宽	b	根据齿轮强度或结构要求确定
齿全高	h	$h=h_a+h_f$			

4. 直齿圆锥齿轮正确啮合条件

与圆柱齿轮相似,直齿圆锥齿轮的正确啮合条件是两轮大端模数和大端压力角分别相等,即

$$\left.\begin{array}{l} m_1=m_2=m \\ \alpha_1=\alpha_2=\alpha \end{array}\right\} \quad (6-16)$$

图 6-21 所示为一对标准直齿圆锥齿轮传动,其节圆锥与分度圆锥重合,轴间夹角 $\Sigma=90°$,δ_1、δ_2 分别为两轮的分度圆锥角,由几何条件可得其传动比为

$$i=\frac{\omega_1}{\omega_2}=\frac{z_2}{z_1}=\frac{d_2}{d_1}=\frac{\sin\delta_2}{\sin\delta_1}=\tan\delta_2=\cot\delta_1 \quad (6-17)$$

(1)直齿圆锥齿轮传动的正确啮合条件是什么?

(2)锥齿轮传动时轴间夹角一般是多少?

知识链接 6.5 蜗杆传动

一对圆柱齿轮传动,两齿轮轴线是平行关系;一对锥齿轮传动,两齿轮轴线是相交关系。对于蜗杆传动,蜗轮与蜗杆轴线是什么关系?蜗杆传动有哪些特点?适用于哪些场合?

一、蜗杆传动的特点、应用及类型

1. 蜗杆传动的特点与应用

蜗杆传动主要由蜗杆和蜗轮组成,如图 6-22 所示,在工作中用于传递空间交错的两轴之间的运动和动力,通常轴间交角为 90°。一般情况下,蜗杆装置用于减速装置,蜗杆为主动件,蜗轮为从动件。蜗杆传动平稳、噪声小、传动比大(单级蜗杆传动在传递动力时,传动比 $i=10\sim 80$,常用 $i=15\sim 50$),结构紧凑;但蜗杆传动的效率低,一般只有 70%~80%,具有自锁功能的蜗杆机构,效率则一般不大于 50%,易磨损、发热;通常选用铜合金等材料制造,成本高,轴向力较大。常用于传动比较大、结构要求紧凑、传动功率不大的场合。

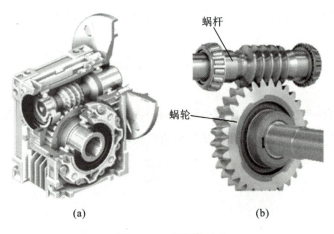

图 6-22 蜗杆传动

2. 蜗杆传动的类型

蜗杆传动按照蜗杆的形状不同,通常分为圆柱蜗杆传动、环面蜗杆传动和锥蜗杆传动三类,如图 6-23 所示。圆柱蜗杆传动可分为普通圆柱蜗杆传动和圆弧圆柱蜗杆传动。在普通圆柱蜗杆传动中,根据螺旋面形状的不同,可分为阿基米德圆柱蜗杆、渐开线圆柱蜗杆、法向直廓圆柱蜗杆等。其中,阿基米德圆柱蜗杆具有加工方便、承载能力强等优点,应用最为广泛。

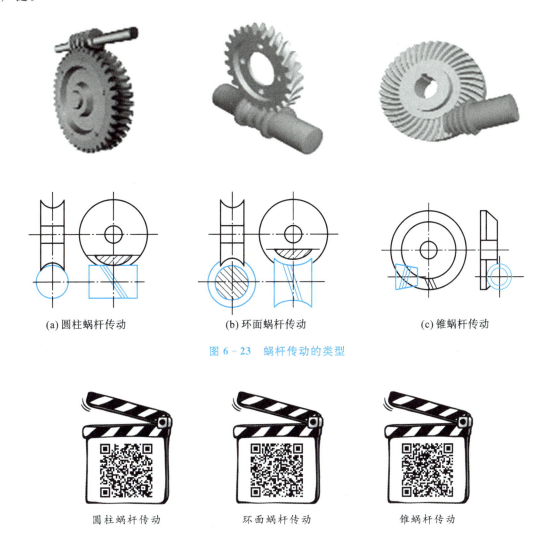

(a) 圆柱蜗杆传动　　　　(b) 环面蜗杆传动　　　　(c) 锥蜗杆传动

图 6-23　蜗杆传动的类型

圆柱蜗杆传动　　　　环面蜗杆传动　　　　锥蜗杆传动

二、普通圆柱蜗杆传动的基本参数

如图 6-24 所示,通过蜗杆轴线并且与蜗轮轴线垂直的平面定义为**中间平面**,该平面既是蜗杆的轴向截面,又是蜗轮的端面。在此平面内,蜗杆传动相当于齿轮齿条传动,因此蜗杆传动的参数和几何尺寸与齿轮传动相似。

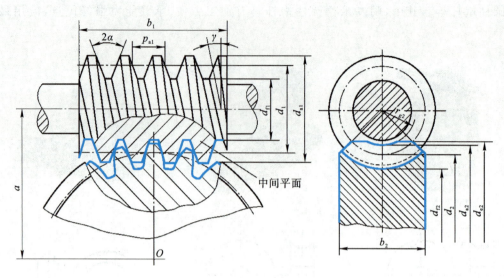

图 6-24 普通圆柱蜗杆传动

1. 蜗杆、蜗轮的模数 m 和压力角 $α$

由于蜗杆传动在中间平面内相当于渐开线齿轮与齿条的啮合,而中间平面既是蜗杆的轴向平面又是蜗轮的端面,与齿轮传动相同,为保证轮齿的正确啮合,蜗杆的轴向模数 m_{n1} 应等于蜗轮的端面模数 m_{t2};蜗杆的轴向压力角 $α_{a1}$ 应等于蜗轮的端面压力角 $α_{t1}$。

2. 蜗杆头数 z_1 和蜗轮齿数 z_2

蜗杆头数 z_1 是指蜗杆分度圆柱上螺旋线的条数。蜗杆头数越小,传动比越大,且越容易实现自锁,但传动效率越低,摩擦发热量越大;蜗杆头数越大,传动效率越高,但传动比将越小,且加工制造难度越大。蜗杆头数通常取 1、2、4、6。要求传动比大或传递转矩大时,应取小值;要求自锁时,z_1 取 1;要求传递功率大、效率高、传递速度大时,z_1 取大值。蜗轮齿数 z_2 一般不小于 26。若齿数过小,则传动的平稳性会下降,且易产生根切;若齿数过大,则蜗轮的直径增大,与之相应的蜗杆长度将会增加,导致蜗杆传动的刚度下降,从而影响啮合的精度。因此通常取 $z_2 = 28 \sim 80$。

3. 蜗杆分度圆直径 d_1、直径系数 q 和导程角 $γ$

1) 蜗杆分度圆直径 d_1

工程中,通常用与蜗杆尺寸相同的滚刀来加工蜗轮,以保证蜗轮与蜗杆的正确啮合,因此模数相同而直径不同的蜗杆需要配制多种规格的蜗轮滚刀。从经济方面考虑,为减少滚刀的数目并实现滚刀的标准化,工程中对每个标准模数的蜗杆都规定了对应分度圆直径 d_1。

2) 蜗杆直径系数 q

蜗杆分度圆直径 d_1 与模数 m 的比值称为**蜗杆直径系数**,用 q 表示,即

$$q = \frac{d_1}{m} \tag{6-18}$$

由式(6-18)可知,模数 m 一定时,q 越大,蜗杆分度圆直径 d_1 越大,蜗杆的刚度越高。

3)蜗杆导程角 γ

蜗杆的螺旋线与螺纹相似,也分左旋和右旋,一般多为右旋。如图 6-25 所示,将蜗杆分度圆柱展开,其螺旋线与端平面的夹角 γ 称为**蜗杆的导程角**,p_{a1} 为蜗杆轴向齿距,d_1 为蜗杆分度圆直径,有

$$\tan\gamma = \frac{z_1 p_{a1}}{\pi d_1} = \frac{z_1 m}{d_1} = \frac{z_1}{q} \tag{6-19}$$

由式(6-19)可知,蜗杆直径 d_1 越小,导程角 γ 越大,则传动效率越高。当导程角 γ 小于材料的当量摩擦角时,蜗杆传动即可实现自锁,此时一般取 $\gamma = 3 \sim 5°$。

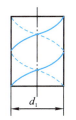
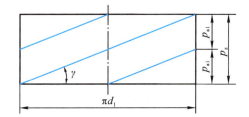

图 6-25 蜗杆分度圆柱展开图

4. 蜗轮分度圆直径 d_2 和蜗杆传动标准安装中心距 a

蜗轮的分度圆直径为

$$d_2 = mz_2$$

由于蜗杆分度圆直径为

$$d_1 = mq$$

因此当蜗杆节圆与蜗轮分度圆重合,即标准安装时,蜗杆传动的中心距为

$$a = \frac{1}{2}(d_1 + d_2) = \frac{1}{2}m(q + z_2) \tag{6-20}$$

三、普通圆柱蜗杆传动的几何尺寸计算公式

按照国家标准规定,蜗杆传动的设计和加工都以中间平面上的各参数和尺寸为标准值。普通圆柱蜗杆传动的几何尺寸计算公式如表 6-5 所示。

表 6-5　普通圆柱蜗杆传动的主要几何尺寸计算公式

名称	符号	蜗杆	蜗轮
分度圆直径	d	$d_1 = mq = mz_1/\tan\gamma$	$d_2 = mz_2$
齿顶圆直径	d_a	$d_{a1} = d_1 + 2m$（注：$h_a^* = 1$）	$d_{a2} = d_2 + 2m$（注：$h_a^* = 1$）
齿根圆直径	d_f	$d_{f1} = d_1 - 2.4m$（注：$c^* = 0.2$）	$d_{f2} = d_2 - 2.4m$（注：$c^* = 0.2$）
蜗杆导程角	γ	$\gamma = \arctan(z_1/q)$	—
蜗轮螺旋角	β	—	$\beta = \gamma$
标准中心距	a	$a = (d_1 + d_2)/2 = m(q + z_2)/2$	

四、普通圆柱蜗杆的啮合传动

1. 蜗杆传动的正确啮合条件

蜗杆传动在中间平面内相当于斜齿轮传动,因此其正确啮合条件如下:

①传动蜗杆的轴向模数 m_{a1} 与蜗轮的端面模数 m_{t2} 相等;

②蜗杆的轴面压力角 α_{a1} 与蜗轮的端面压力角 α_{t2} 相等;

③蜗杆分度圆导程角 γ 与蜗轮分度圆螺旋角 β 相等,且两者螺旋方向相同。

即

$$\left.\begin{aligned} m_{a1} &= m_{t2} = m \\ \alpha_{a1} &= \alpha_{t2} = \alpha \\ \gamma &= \beta \end{aligned}\right\} \qquad (6-21)$$

2. 蜗杆传动的传动比

在蜗杆传动中,蜗杆与蜗轮之间的传动比为

$$i = \frac{n_1}{n_2} = \frac{z_2}{z_1} \qquad (6-22)$$

式中, n_1、n_2——蜗杆和蜗轮的转速,r/min;

z_1、z_2——蜗杆头数和蜗轮齿数。

3. 蜗杆传动的转动方向判定

1) 蜗轮、蜗杆旋向

如图 6-26 所示,右手张开伸直,使手心朝向自己,四指指向蜗杆或蜗轮的轴线方向,若大拇指的指向与齿形方向一致,则表示该蜗杆或蜗轮为右旋;反之,则为左旋。

项目6 齿轮传动

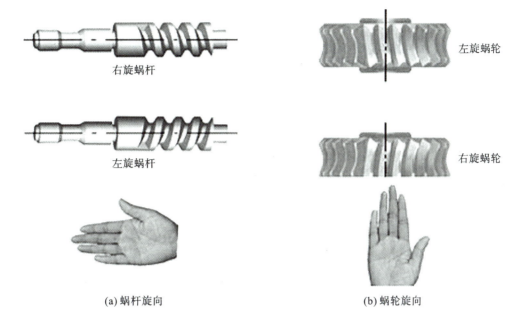

图 6-26 蜗杆和蜗轮旋向判定

2) 蜗杆转动方向

为了正确利用蜗杆传动,需要确定蜗轮的旋转方向。蜗轮的旋转方向可通过左(右)手定则来判断,即左旋蜗杆用左手,右旋蜗杆用右手,四指沿着蜗杆转动方向弯曲,大拇指伸直,大拇指指向相反的方向即为蜗轮旋转方向,如图 6-27 所示。

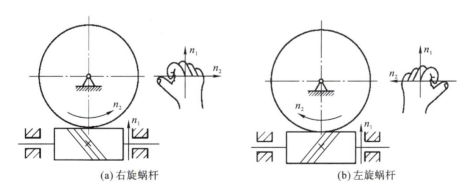

图 6-27 左、右手定则判定蜗杆转动方向

知识链接 6.6　渐开线齿轮的切齿原理与根切现象

齿轮作为重要的传动构件,有多种加工方式。为满足齿轮传动的需要,齿轮的加工方式有哪些?加工时需要注意什么?

一、渐开线齿轮的切齿原理

轮齿加工的基本要求是齿形准确和分齿均匀。轮齿的加工方法很多,最常用的是切削加工法,此外还有铸造、模锻、热轧、冲压等。轮齿的切削加工方法按其原理可分为仿形法和展成法两类。

1. 仿形法

仿形法是用与齿轮齿槽形状相同的圆盘铣刀(见图6-28)或指状铣刀(见图6-29)在铣床上进行加工。

指状铣刀常用于加工大模数(如 $m > 20$ mm)的齿轮,并可以切制人字齿轮。

仿形法加工齿轮

图 6-28　圆盘铣刀

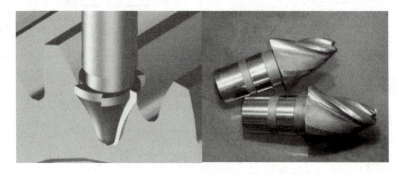

图 6-29　指状铣刀

仿形法加工方便易行,但精度难以保证。由于渐开线齿廓形状取决于基圆的大小,而基圆半径、齿廓形状与齿轮的模数、齿数、压力角有关,因此生产实践中通常用同一型号的铣刀切制同模数、不同齿数的齿轮。表6-6中列出了1~8号圆盘铣刀加工齿轮的齿数范围。

表6-6 圆盘铣刀加工齿轮的齿数范围

刀号	1	2	3	4	5	6	7	8
加工齿数范围	12~13	14~16	17~20	21~25	26~34	35~54	55~134	≥135

仿形法加工方法简单,不需要专用机床,但加工时逐个齿切削,精度差,切削不连续,故生产率低,仅适用于单件生产及精度要求不高的齿轮加工。

2. 展成法

展成法是较为完善的一种切齿方法,因而应用甚广。它是利用一对齿轮(或齿轮与齿条)互相啮合时其共轭齿廓互为包络线的原理来切齿的。用展成法切削齿轮时常用的刀具有三种:齿轮插刀、齿条插刀及滚刀。

1) 齿轮插刀加工

用齿轮插刀加工齿轮时的情形如图6-30所示,齿轮插刀的形状和齿轮相似,其模数和压力角与被加工齿轮相同。加工时,机床的传动系统严格地保证插齿刀与轮坯之间的展成运动(就像一对齿轮互相啮合一样);同时,插齿刀沿轮坯轴线方向作上下往复的切削运动,当被切削轮坯转过一周后,即可切出所有的轮齿。

展成法加工齿轮
(插齿加工)

图6-30 用齿轮插刀加工齿轮

2) 齿条插刀加工

当齿轮插刀的齿数增加到无穷多时,其基圆半径变为无穷大,插刀的齿廓变成直线齿廓,齿轮插刀就变成齿条插刀。齿条插刀切削轮齿时的情形如图6-31所示。

图 6-31 齿条插刀加工齿轮

3)齿轮滚刀加工

采用齿轮插刀和齿条插刀都只能间断地切削,生产率低。目前广泛采用齿轮滚刀在滚齿机上进行轮齿的加工,如图 6-32 所示。

图 6-32 用齿轮滚刀加工齿轮

用展成法加工齿轮时,只要刀具和被加工齿轮的模数 m 和压力角 α 相同,则不管被加工齿轮的齿数是多少,都可以用同一把齿轮刀具加工,且生产效率较高,所以在大批量生产齿轮中,多采用展成法。

二、轮齿的根切现象与不发生根切现象的最少齿数

用展成法加工齿数较少的齿轮时,常会将轮齿根部的渐开线齿廓切去一部分,如图 6-33 所示,这种现象称为**根切**。轮齿根部的根切将使轮齿的抗弯强度降低、重合度减小,故应设法避免。

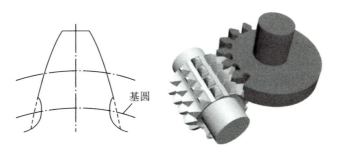

图 6-33 轮齿的根切现象

对于标准齿轮,可采用限制最少齿数的方法来避免根切。用滚刀加工压力角为 20°的正常齿制标准直齿圆柱齿轮时,根据计算,可得出不发生根切的最少齿数 $z_{min}=17$。

某些情况下,为了尽量减少齿数以获得比较紧凑的结构,在满足轮齿弯曲强度条件下,允许齿根部有轻微根切。比如对于短齿,不发生根切的 $z_{min}=14$。

对于齿数少于 z_{min} 齿轮,还可以通过改变刀具与齿坯相对位置的切齿方法(变位)来防止根切。

现有 4 个标准直齿圆柱齿轮:$m_1=4$ mm,$z_1=25$;$m_2=4$ mm,$z_2=50$;$m_3=3$ mm,$z_3=60$;$m_4=2.5$ mm,$z_4=40$。试问:

(1)哪两个齿轮的渐开线形状相同?

(2)哪两个齿轮能正确啮合?

(3)哪两个齿轮能用同一把铣刀制造?哪两个齿轮能用同一把滚刀制造?这两个齿轮能否改成用同一把铣刀加工?

知识链接 6.7　齿轮的结构、失效、材料及维护

想一想

各类齿轮的应用场合不同,工作环境有差异,因此齿轮的结构形式是多种多样的,选用材料也有所不同。齿轮是造价较高的传动构件,为延长其使用寿命,后期维护也很重要。那么齿轮的结构形式和常用材料主要有哪些?齿轮失效的主要方式及预防措施有哪些?

一、齿轮的常见结构

工程中,齿轮的结构形式多样,常见的结构形式有齿轮轴、实心式、腹板式和轮辐式,但一般

都由轮缘、轮辐和轮毂等部分组成,它们的特点及适用范围如表 6-7 所示。

表 6-7 齿轮常见结构形式的特点及适用范围

结构形式	图示	特点	适用范围
齿轮轴		齿轮和轴制成一体	适用于齿根圆直径与轴外径相差很小的齿轮
实心式		在一整块实心齿坯上加工出轮齿	适用于齿根圆直径超过轴外径的两倍,且齿顶圆直径 $d_a \leqslant$ 200 mm 的齿轮
腹板式		齿轮上开有减重孔,可以减轻齿轮重量,方便齿轮的装卸。孔的数量和大小根据齿轮的尺寸确定	适用于齿顶圆直径 $d_a = 200 \sim 500$ mm 的齿轮
轮辐式		轮齿边缘与齿轮中心通过辐条连接,一般采用铸造或焊接方式制造	适用于齿顶圆直径 $d_a \geqslant 500$ mm 的大型齿轮

二、齿轮传动的失效

机械零件由于强度、刚度、耐磨性和振动稳定性等因素不能正常工作,统称为**失效**。齿轮在传动过程中,常见失效形式有轮齿折断、齿面点蚀、齿面磨损、齿面胶合及齿面塑性变形等五种形式。齿轮失效形式及预防措施如表 6-8 所示。

齿轮在传动作时,其轮齿既要承受法向的压力,又要承受切向的摩擦力,因此齿轮的失效主要表现在轮齿部位。通常,齿轮的失效指的是轮齿失效。

表 6-8 齿轮失效形式及预防措施

失效形式	图示	失效原因	失效后果	预防措施
轮齿折断		齿根受较大交变弯曲应力的反复作用或较大的冲击载荷作用而导致折断	齿轮无法工作,甚至引发事故	(1)提高轮齿的弯曲疲劳强度; (2)加大齿根过渡圆角以减小应力集中; (3)避免齿轮过载

续表

失效形式	图示	失效原因	失效后果	预防措施
齿面点蚀		轮齿啮合面承受很大的脉动循环变化的接触应力,长时间工作后齿面出现小片金属剥落现象,并形成麻点状凹坑	传动不平稳、振动及噪声增大,甚至无法工作	(1)限制齿面间的接触应力; (2)提高齿面硬度,减小轮齿的表面粗糙度; (3)改善润滑条件
齿面磨损		齿轮传动中,尘土、砂粒、铁屑等杂物落入轮齿啮合面,导致齿面逐渐磨损,失去正确齿形	引起振动、噪声增大,甚至造成轮齿折断	(1)提高齿面硬度; (2)采用闭式传动,保持工作环境的清洁; (3)改善润滑条件
齿面胶合		在高速、重载齿轮传动中,轮齿啮合区的局部温度升高,导致润滑失效,从而在啮合时引起两齿面金属直接接触并发生黏结,软齿面的部分金属被撕下形成沟纹	传动不平稳、振动及噪声增大,甚至无法工作	(1)提高齿面硬度; (2)加强散热,选用合适的润滑油; (3)配对齿轮采用不同材料
齿面塑性变形		频繁启动、严重过载的齿轮传动中,轮齿材料由于屈服产生局部塑性变形,失去正确的齿形	传动不平稳,振动及噪声增大,甚至无法工作	(1)提高齿面硬度; (2)避免齿轮过载; (3)改善润滑条件

三、齿轮材料的选择

选择齿轮材料应满足的要求是:使齿轮的齿面具有较高的抗磨损、抗点蚀、抗胶合及抗塑性变形的能力,而齿根应有足够的抗折断能力。因此,对齿轮材料性能总的要求为齿面硬、齿心韧,同时应具有良好的加工和热处理工艺性。

工程中,一般齿轮应选用具有良好力学性能的中碳结构钢和中碳合金结构钢;承受较大冲击载荷的齿轮可选用合金渗碳钢;低速或中速低应力、低冲击载荷条件下工作的齿轮可选用铸钢、灰铸铁或球墨铸铁;受力不大或在无润滑条件下工作的齿轮可选用有色金属和非金属材料。为提高齿轮材料的力学性能,还需要对齿轮进行适当的热处理。

1. 调质钢齿轮

调质钢主要用于制造对硬度和耐磨性要求不很高,对冲击韧度要求一般的中、低速和载荷不大的中、小型传动齿轮。如金属切削加工机床的变速箱齿轮、挂轮齿轮等,通常采用45、

40Cr、40MnB、35SiMn、45Mn2 等钢制造。一般常用的热处理工艺经调质或正火处理后,再进行表面淬火(即硬齿面),有时经调质和正火处理后也可直接使用(软齿面)。对于精度要求高、转速快的齿轮,可选用渗氮用钢(38CrMoAlA),经调质处理和渗氮处理后使用。

2. 渗碳钢齿轮

渗碳钢主要用于制造高速、重载、冲击较大的重要齿轮,如汽车变速箱齿轮、驱动桥齿轮,立式车床的重要齿轮等,通常采用 20CrMnTi、20CrMo、20Cr、18Cr2Ni4WA、20CrMnMo 等钢制造,经渗碳淬火和低温回火处理后(硬齿面),表面硬度高、耐磨性好、心部韧性好,耐冲击。为了增加齿面的残余压应力,进一步提高齿轮的疲劳强度,还可进行喷丸处理。

3. 铸钢和铸铁齿轮

形状复杂、难以锻造成形的大型齿轮采用铸钢和铸铁等材料制造。对于工作载荷大、韧性要求较高的齿轮,如起重机齿轮等,选用 ZG270-500、ZG310-570、ZG340-640 等铸钢制造;对于耐磨性、疲劳强度要求较高,但冲击载荷较小的齿轮,如机油泵齿轮等,可选用球墨铸铁制造,如 QT500-7、QT600-3 等;对于冲击载荷很小的低精度、低速齿轮,可选用灰铸铁制造,如 HT200、HT250、HT300 等。

4. 有色金属齿轮和塑料齿轮

仪器、仪表中的齿轮,以及某些在腐蚀介质中工作的轻载齿轮,常选用耐蚀、耐磨的有色金属制造,如黄铜、铝青铜、锡青铜、硅青铜等。

塑料齿轮主要用于制造轻载、低速、耐蚀、无润滑或少润滑条件下工作的齿轮,如仪表齿轮、无声齿轮,常用材料有尼龙、BCT、聚甲醛、聚碳酸酯等。

常用齿轮材料及其力学性能见表 6-9。相同牌号的材料采用硬齿面时,其许用应力值显著提高。所以条件许可时,选用硬齿面可使传动结构更紧凑。

表 6-9 齿轮常用材料和力学性能

类别	材料牌号	热处理方法	抗拉强度 δ_b/MPa	屈服点 δ_s/MPa	硬度
优质碳素钢	35	正火	500	270	150~180 HBS
		调质	550	294	190~230 HBS
	45	正火	588	294	169~217 HBS
		调质	647	373	229~286 HBS
		表面淬火			40~50 HRC
	50	正火	628	373	180~220 HBS

续表

类别	材料牌号	热处理方法	抗拉强度 δ_b/MPa	屈服点 δ_s/MPa	硬度
合金结构钢	40Cr	调质	700	500	240～258 HBS
		表面淬火			48～55 HRC
	35SiMn	调质	750	450	217～269 HBS
		表面淬火			45～55 HRC
	40MnB	调质	735	490	241～286 HBS
		表面淬火			45～55 HRC
	20Cr	渗碳淬火后回火	637	392	56～62 HRC
	20CrMnTi		1079	834	56～62 HRC
铸钢	ZG310-570	正火	580	320	163～197 HBS
	ZG340-640		650	350	179～207 HBS
灰铸铁	HT300	—	300		185～278 HBS
	HT350		350		202～304 HBS
球墨铸铁	QT600-3	—	600	370	190～270 HBS
	QT700-2		700	420	225～305 HBS
非金属	夹布胶木	—	100		25～35 HBS

四、齿轮传动精度等级的选择

渐开线圆柱齿轮标准(GB/T 10095.1—2022)中,规定了12个精度等级,第1级精度最高,第12级最低。一般机械中常用6～9级。高速、分度等要求高的齿轮传动用6级,对精度要求不高的低速齿轮可用9级。根据误差特性及它们对传动性能的影响,齿轮每个精度等级的公差划分为三个公差组,即第Ⅰ公差组(影响运动准确性),第Ⅱ公差组(影响传动平稳性),第Ⅲ公差组(影响载荷分布均匀性)。一般情况下,可选三个公差组为同一精度等级,也可以根据使用要求的不同,选择不同精度等级的公差组组合。常用的齿轮精度等级与圆周速度的关系及使用范围。如表6-10所示。

表 6-10　齿轮传动精度等级(第Ⅱ公差组及其应用)

精度等级	齿面硬度/HBS	圆周速度 $v/(\mathrm{m \cdot s^{-1}})$			应用举例
		直齿圆柱齿轮	斜齿圆柱齿轮	直齿圆锥齿轮	
6	≤350	≤18	≤36	≤9	高速重载的齿轮传动,如机床、汽车中的重要齿轮,分度机构的齿轮,高速减速器的齿轮等
	>350	≤15	≤30		
7	≤350	≤12	≤25	≤6	高速中载或中速重载的齿轮传动,如标准系列减速器的齿轮,机床和汽车变速箱中的齿轮等
	>350	≤10	≤20		
8	≤350	≤6	≤12	≤3	一般机械中的齿轮传动,如机床、汽车和拖拉机中的一般齿轮,起重机械中的齿轮,农业机械中的重要齿轮等
	>350	≤5	≤9		
9	≤350	≤4	≤8	≤2.5	低速重载的齿轮,低精度机械中的齿轮等

注:第Ⅰ、Ⅲ公差组的精度等级参阅有关手册,一般第Ⅲ公差组不低于第Ⅱ公差组的精度等级。

考虑到齿轮制造以及工作时轮齿变形和受热膨胀,同时为了便于润滑,需要有一定的齿侧间隙。齿轮传动的侧隙是指一对齿轮在啮合传动中,工作齿廓相互接触时,在两个非工作齿廓之间的最小距离。合适的侧隙可通过适当的齿厚极限偏差和中心距极限偏差来保证,齿轮副的实际中心距越大、齿厚越小,则侧隙越大。

标准中规定渐开线圆柱齿轮的齿厚偏差有 C、D、E、F、G、H、J、K、L、M、N、P、R、S 等 14 种,每种代号所规定的齿厚偏差值可查有关手册。在齿轮工作图上用代号表示精度等级和齿厚极限偏差。例:8—7—7GM GB/T 10095.1—2022 代号,从左至右表示第Ⅰ、Ⅱ、Ⅲ公差组精度等级分别为 8 级、7 级、7 级,齿厚上偏差代号为 G,下偏差代号为 M。

五、齿轮的润滑

为减少轮齿啮合时齿面间的摩擦和磨损,加强散热并延长齿轮的使用寿命,需要对齿轮传动进行必要的润滑。齿轮传动润滑方式很多,通常根据齿轮传动的工作条件和转动速度进行选择。其中开式及半开式齿轮传动通常采用人工定期添加润滑油的方式润滑;闭式齿轮传动常用的润滑方式有浸油润滑、溅油润滑和喷油润滑等,如表 6-11 所示。

表 6–11 闭式齿轮传动常用的润滑方式

润滑方式	示意图	特点及应用
浸油润滑	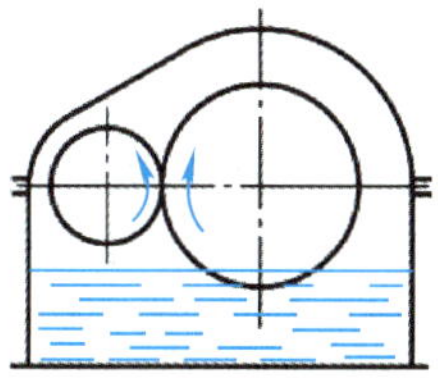	将大齿轮的轮齿浸入油池中进行浸油润滑,齿轮浸入油中的深度视齿轮圆周速度大小而定,一般不低于 10 mm,但不宜超过一个齿高。 浸油润滑适用于齿轮圆周速度不超过 12 m/s 的齿轮传动
溅油润滑	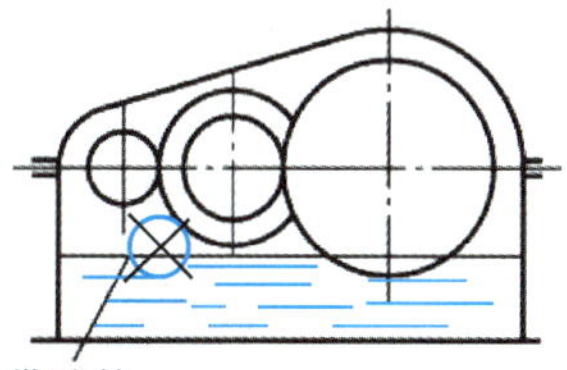 带油轮	采用带油轮将油甩溅到未浸入油池的齿面上进行润滑,油池中存油量的多少取决于齿轮传递功率的大小。对于单级传动,每传递 1 kW 的功率,存油量约为 0.35~0.75 L;对于多级传动,存油量应按级数成倍地增加。 溅油润滑适用于多级齿轮传动
喷油润滑	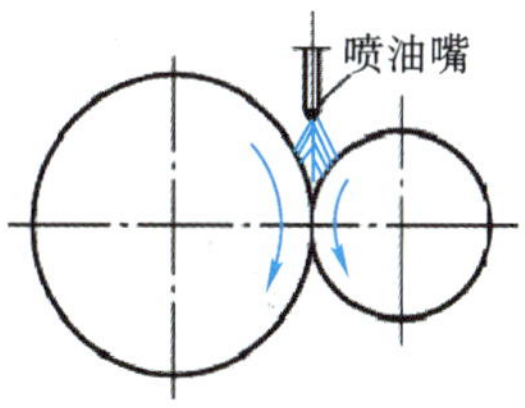 喷油嘴	油泵将具有一定压力的润滑油从喷嘴喷到齿轮啮合面上进行润滑。 喷油润滑适用于齿轮圆周速度大于 12 m/s 的齿轮传动

项目实施

项目名称	齿轮传动	日期	
项目知识点总结	本项目以一级减速器中齿轮传动装置为学习载体，主要学习了齿轮的构成、材料、类型等相关基础知识，各类齿轮传动的特点、正确啮合条件，齿轮传动的常见失效形式等内容。通过本项目的学习，能够掌握齿轮传动的相关知识与技能，会分析汽车减速器内齿轮传动的组成、作用及其工作特性，能够绘制其运动简图，为学习后续有关知识、解决工程问题打好基础。		
项目实施	步骤一：认识齿轮传动的组成和齿轮传动的类型（图6-3—图6-5），分析汽车减速器中含有的齿轮传动类型。 		

(a) 直齿圆柱齿轮传动　　(b) 斜齿圆柱齿轮传动　　(c) 人字齿圆柱齿轮传动

(d) 内啮合齿轮传动　　(e) 齿轮齿条传动

图6-3　平行轴齿轮传动

(a) 直齿圆锥齿轮传动　　(b) 斜齿圆锥齿轮传动

图6-4　相交轴齿轮传动

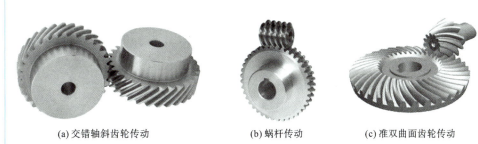

(a) 交错轴斜齿轮传动　　　　(b) 蜗杆传动　　　　(c) 准双曲面齿轮传动

图 6-5　交错轴齿轮传动

减速器中常采用的传动齿轮有蜗杆蜗轮、圆柱齿轮、双曲面齿轮等。如图6-22(a)所示的减速器对应的齿轮传动类型就是蜗杆传动。图6-22(b)中蜗杆是原动件,蜗轮是从动件。

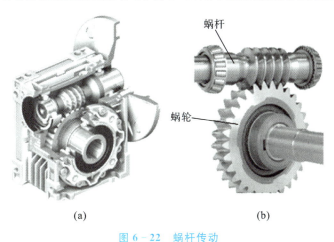

(a)　　　　(b)

图 6-22　蜗杆传动

步骤二:绘制减速器中齿轮传动[图6-22(a)]的运动简图,如图6-34所示。

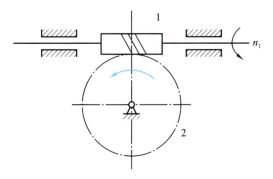

图 6-34　蜗杆传动运动简图

项目实施	步骤三：计算图 6-33 所示蜗杆减速器中齿轮传动的传动比。 　　蜗杆传动的传动比 $$i = \frac{n_1}{n_2} = \frac{z_2}{z_1}$$ 式中，n_1、n_2——蜗杆和蜗轮的转速，r/min； 　　　z_1、z_2——蜗杆头数和蜗轮齿数。
	步骤四：分析并确定蜗杆传动的正确啮合条件。 　①传动蜗杆的轴向模数 m_{a1} 与蜗轮的端面模数 m_{t2} 相等； 　②蜗杆的轴面压力角 α_{a1} 与蜗轮的端面压力角 α_{t2} 相等； 　③蜗杆分度圆导程角 γ 与蜗轮分度圆螺旋角 β 相等，且两者螺旋方向相同。 　即 $$\begin{cases} m_{a1} = m_{t2} = m \\ \alpha_{a1} = \alpha_{t2} = \alpha \\ \gamma = \beta \end{cases}$$
	步骤五：分析蜗杆传动的特点和应用。 　　蜗杆传动装置用于减速装置，蜗杆传动平稳、噪声小、传动比大、结构紧凑，可以自锁；但蜗杆传动的效率低，易磨损、发热。通常选用耐磨的合金材料制造，成本高。常用于传动比比较大、结构要求紧凑、传动功率不大的场合。

项目6　齿轮传动

项目拓展训练

项目名称		齿轮传动		日期	
组长：		班级：		小组成员：	
项目知识点总结					
任务描述	请分析如图6-35所示齿轮泵中齿轮传动的类型。该齿轮传动的特点是什么？齿轮传动比如何计算？分析该类齿轮传动的正确啮合条件。 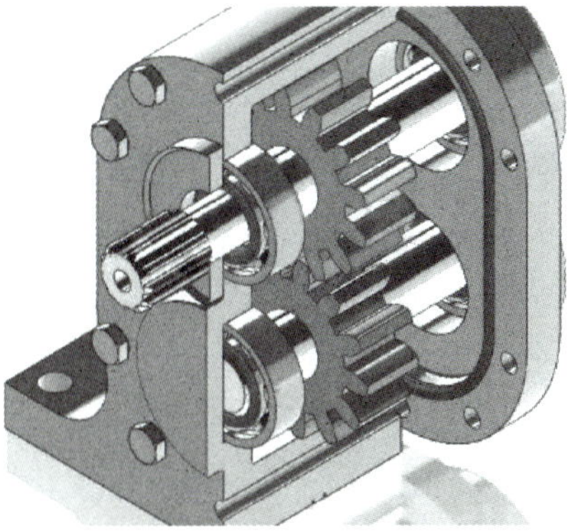 图6-35　齿轮泵				
任务分析					
任务实施步骤					
遇到的问题及解决办法					

项目评价

以5~6人为一组,选出组长并进行任务分工,各组组长展示任务完成情况,并完成考核评价表。

考核评价表

评价项目		评价标准	满分	小组打分	教师打分
专业能力	基础掌握	能准确掌握齿轮的构成、类型及材料等基础知识	20		
	操作技能	能准确绘制齿轮传动运动简图	15		
	分析计算	能计算齿轮传动的传动比,掌握齿轮正确啮合条件	25		
素质能力	参与程度	认真参加活动,积极思考,主动与同学、老师进行交流,善于发现和解决问题	20		
	合作意识	积极参与探讨,勇于接受任务,敢于承担责任	10		
	辩证意识	能够遵循相关的法律法规,有团队意识,具备细心、严谨的工作作风,践行工匠精神	10		
总分			100		

项目巩固训练

一、填空题

1. 轮齿齿廓上各点的压力角都不相等，在基圆上的压力角等于_____。
2. 渐开线的形状取决于_____的大小。
3. 渐开线直齿圆柱齿轮的正确啮合条件是_____和_____必须分别相等。
4. 齿轮轮齿的失效形式主要有_____、齿面疲劳点蚀、_____、齿面胶合和齿面塑性变形。
5. 齿轮传动的标准安装是指_____。
6. 齿轮传动的重合度越大，表示同时参与啮合的轮齿对数越_____，齿轮传动也越_____。
7. 采用仿形法加工齿轮，根据被加工齿轮的_____选择刀具刀号。
8. 开式齿轮传动的主要失效形式是_____。
9. 一对渐开线直齿圆柱齿轮啮合传动时，两轮的_____圆总是相切并相互做纯滚动的，而两轮的中心距不一定总等于两轮的_____圆半径之和。
10. 相啮合的一对直齿圆柱齿轮的渐开线齿廓，其接触点的轨迹是一条_____。
11. 齿轮上_____圆上的压力角最大。
12. 标准直齿圆柱齿轮不发生根切的最少齿数为_____。
13. 传动比是指机械传动系统中始端主动轮与末端从动轮的_____或_____的比值。
14. 普通圆柱蜗杆传动的主要参数和几何尺寸均以_____的参数为标准值。
15. 圆锥齿轮主要用于相交轴齿轮传动，通常两轴交角为_____。

二、选择题

1. 一对齿轮要正确啮合，它们的（　　）必须相等。
   A. 直径　　　B. 宽度　　　C. 齿数　　　D. 模数
2. 渐开线齿廓基圆上的压力角（　　）。
   A. >0　　　B. <0　　　C. =0　　　D. =20°
3. 一对齿轮啮合时，两齿轮的（　　）始终相切。
   A. 分度圆　　　B. 基圆　　　C. 节圆　　　D. 齿根圆
4. 已知一渐开线标准直齿圆柱齿轮，齿数 $Z=25$，齿顶高系数 $h_a^*=1$，顶圆直径 $d_a=135$ mm，则其模数大小应为（　　）。
   A. 2 mm　　　B. 4 mm　　　C. 5 mm　　　D. 6 mm

5. 渐开线直齿圆柱外齿轮顶圆压力角（　　）分度圆压力角。
   A. 大于　　　　B. 小于　　　　C. 等于　　　　D. 不确定

6. 齿轮的渐开线形状取决于它的（　　）直径。
   A. 齿顶圆　　　B. 分度圆　　　C. 基圆　　　　D. 齿根圆

7. 一对渐开线直齿圆柱齿轮的啮合线是两（　　）的公切线。
   A. 分度圆　　　B. 基圆　　　　C. 齿根圆　　　D. 节圆

8. 一对渐开线标准齿轮在标准安装情况下，两齿轮分度圆的相对位置应该是（　　）。
   A. 相交的　　　B. 相切的　　　C. 分离的

9. 两轴在空间交错 90°的传动，如已知传递载荷及传动比都较大，则宜选用（　　）。
   A. 螺旋齿轮传动　　　　　　　B. 斜齿圆锥齿轮传动
   C. 蜗杆蜗轮传动　　　　　　　D. 直齿圆柱齿轮传动

10. 蜗杆传动用于传递（　　）之间的运动和动力。
    A. 两相交轴　　B. 两平行轴　　C. 两交错轴　　D. 任意轴

11. 蜗轮轮齿和蜗杆的螺旋方向（　　）。
    A. 一定相同　　B. 一定相反　　C. 既可相同，亦可相反

12. 平行轴传动时各带轮的轴线必须保持规定的（　　）。
    A. 平行度　　　B. 垂直度　　　C. 同轴度　　　D. 角度

13. 齿数相同的齿轮，（　　）越大，齿距越大，轮齿也越大，齿轮的承载能力也越强。
    A. 基圆直径　　B. 模数　　　　C. 压力角　　　D. 齿厚

14. 一般开式齿轮传动时，主要的失效形式是（　　）。
    A. 齿面胶合　　B. 齿面磨损　　C. 齿面点蚀　　D. 轮齿折断

15. 高速重载且散热条件不良的闭式齿轮传动，最可能出现的失效形式是（　　）。
    A. 齿面胶合　　B. 齿面磨损　　C. 齿面点蚀　　D. 齿面塑性变形

三、判断题

1. 一对外啮合直齿圆柱齿轮，小轮的齿根厚度比大轮的齿根厚度大。（　　）
2. 同一条渐开线上各点的曲率半径相同。（　　）
3. 一对能正确啮合传动的渐开线直齿圆柱齿轮，其啮合角一定为 20°。（　　）
4. 渐开线齿轮的齿根圆恒大于基圆。（　　）
5. 直齿圆柱标准齿轮就是分度圆上的压力角和模数均为标准值的齿轮。（　　）
6. 在渐开线齿轮传动中，齿轮与齿条传动的啮合角与分度圆上的压力角相等。（　　）
7. 满足正确啮合条件的一对直齿圆柱齿轮，其齿形一定相同。（　　）
8. 标准直齿圆柱齿轮不发生根切的最少齿数为 17。（　　）

9. 斜齿圆柱齿轮的轮齿承受的载荷逐渐增大后再逐渐减小,因此斜齿圆柱齿轮传动承载能力强、传动平稳,冲击及工作噪声较大。(   )

10. 为保证蜗轮与蜗杆的正确啮合,蜗杆的导程角与蜗轮的螺旋角应大小相等、旋向相反。(   )

四、简答题

1. 与直齿圆柱齿轮相比,斜齿圆柱齿轮有哪些优点?

2. 简述蜗轮回转方向的判断方法。

3. 渐开线标准直齿圆柱齿轮的基本参数有哪些?

项目 7 齿轮系

项目目标

【知识目标】

1. 掌握齿轮系的组成和类型；
2. 掌握齿轮系传动比的计算方法；
3. 了解齿轮系的应用。

【能力目标】

1. 学会判断齿轮系的类型；
2. 学会计算定轴齿轮系的传动比。

【素质目标】

1. 通过对比定轴轮系和动轴轮系的应用，培养具体问题具体分析、判断的能力；
2. 通过对齿轮系传动比的计算，培养严谨的工作作风和精益求精的工匠精神。

项目描述

在机械传动中，仅由一对齿轮组成的传动装置往往满足不了工作需要，如图7-1所示。在车床中，要将电动机的一种转速变为主轴的多种转速；在钟表中，时针和分针对应的齿轮转速具有确定的比例关系；汽车变速箱要实现多级调速；多级减速器要实现高扭矩和低转速的输出……这些都需要由一系列齿轮组成传动系统——齿轮系来传递运动和动力。

齿轮系

项目7　齿轮系　179

(a) 变速箱中的齿轮系

(b) 减速器中的齿轮系

图 7-1　齿轮系

项目分析

二级减速器是一种常用的传动装置,其原理是通过两级齿轮传动来实现减速的目的。第一级齿轮传动由驱动轴上的主动齿轮和从动齿轮组成,它们通过啮合来传递动力。当主动齿轮转动时,由于齿轮之间的啮合关系,从动齿轮也会跟着转动。因为齿轮的齿数不同,所以主动齿轮转动一周,从动齿轮只转动不到一周,从而实现减速效果。

第二级齿轮传动由第一级的从动齿轮作为主动齿轮,再与第二级的从动齿轮组成。同样地,第一级的从动齿轮转动一周,第二级的从动齿轮只会转动不到一周,从而再次实现减速效果。

本项目以二级减速器为载体,通过分析减速器内部各齿轮的空间位置关系来分析齿轮系传动过程,通过分析齿轮轴线是否可移判定齿轮系的类型,通过齿轮系传动特点确定齿轮系的功用。为达成本项目学习目标,需要完成如下学习任务:

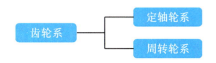

▶ 知识链接 7.1　定轴轮系

一对齿轮传动的传动比 $i_{12}=\dfrac{\omega_1}{\omega_2}=\dfrac{n_1}{n_2}=\dfrac{z_2}{z_1}$,那定轴轮系的传动比如何计算?轮系中各类齿轮如何相互配合,传递运动及动力?

一、定轴轮系分类

齿轮系运转时,各齿轮(包括蜗杆、蜗轮)的几何轴线的位置相对于机架固定,这种轮系称为**定轴轮系**,如图7-2所示。

如果定轴轮系中各齿轮的轴线互相平行或重合,则称为平面定轴轮系,如图7-2(a)所示;否则,称为空间定轴轮系(齿轮系中既可能包括内、外啮合圆柱齿轮传动,还可能包含圆锥齿轮传动、蜗杆蜗轮传动或螺旋传动等),如图7-2(b)所示。

(a)平面定轴轮系

(b)空间定轴轮系

定轴轮系

图7-2 定轴轮系

二、定轴轮系的传动比和传动方向

一对齿轮传动时,传动比等于两个齿轮的角速度或转速之比,也等于两个齿轮齿数的反比,即

$$i_{12} = \frac{\omega_1}{\omega_2} = \frac{n_1}{n_2} = \frac{z_2}{z_1}$$

式中,下标1代表主动轮,下标2代表从动轮。

齿轮系中主动齿轮与从动齿轮的转速之比称为该齿轮系的传动比。齿轮系传动比仍采用符号i表示,如齿轮系中齿轮1对齿轮5的传动比表示为$i_{15}=n_1/n_5$。齿轮系的传动比计算包括计算传动比的大小和确定传动方向。

1.定轴轮系的传动方向

对于由内啮合、外啮合齿轮组成的平面定轴轮系,一对外啮合齿轮转向相反,一对内啮合齿轮转向相同,故将外啮合齿轮传动比取负号,内啮合齿轮传动比取正号,据此确定从动齿轮的转动方向。对于包含圆锥齿轮传动、蜗杆蜗轮传动或螺旋传动等的空间定轴轮系,因为空间齿轮轴线不平行,主、从动轮间不存在转向相同或相反的问题,所以确定轮系中各轮转向时采用画箭头标注的方法。

如图7-3所示,一对外啮合的圆柱齿轮转动方向相反,用一对方向相反的箭头表示;一对内啮合的圆柱齿轮转动方向相同,用一对方向相同的箭头表示;圆锥齿轮传动时的转动方向用同时指向或同时背离啮合处的一对箭头表示;蜗杆传动时用左手(右手)定则判断蜗杆、蜗轮的运动方向,再用相应的箭头表示。

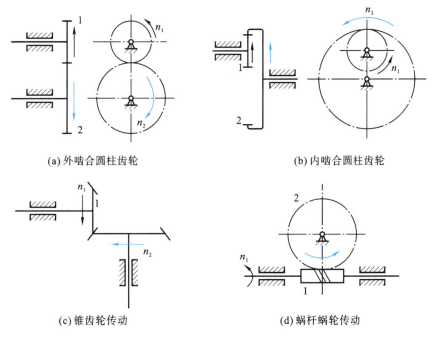

图7-3 一对齿轮传动方向

用箭头标注法标注定轴齿轮系如图7-4所示。可参考定轴轮系的直观图,在运动简图中用箭头标注法表示各齿轮的转动方向。

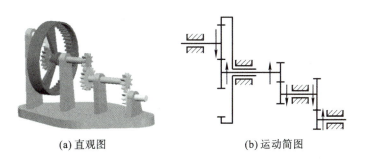

图7-4 箭头标注法

2. 定轴轮系的传动比

计算图 7-5 所示齿轮系的传动比。

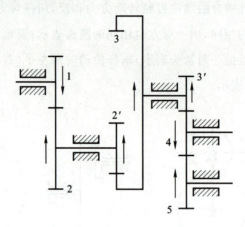

图 7-5 定轴轮系运动简图

一对齿轮啮合的传动比分别为

$$i_{12} = \frac{n_1}{n_2} = -\frac{z_2}{z_1}$$

$$i_{2'3} = \frac{n_{2'}}{n_3} = \frac{z_3}{z_{2'}}$$

$$i_{3'4} = \frac{n_{3'}}{n_4} = -\frac{z_4}{z_{3'}}$$

$$i_{45} = \frac{n_4}{n_5} = -\frac{z_5}{z_4}$$

将以上各式连乘,得

$$i_{12}i_{2'3}i_{3'4}i_{45} = \frac{n_1}{n_2}\frac{n_{2'}}{n_3}\frac{n_{3'}}{n_4}\frac{n_4}{n_5} = \left(-\frac{z_2}{z_1}\right)\left(\frac{z_3}{z_{2'}}\right)\left(-\frac{z_4}{z_{3'}}\right)\left(-\frac{z_5}{z_4}\right)$$

对于同轴齿轮,转速和转向相同,有 $n_2 = n_{2'}, n_3 = n_{3'}, n_4 = n_{4'}$,即有

$$i_{15} = \frac{n_1}{n_5} = (-1)^3 \frac{z_2 z_3 z_4 z_5}{z_1 z_{2'} z_{3'} z_4}$$

上述结论可以推广到平面定轴轮系的一般情形。设 n_1 与 n_k 分别代表定轴轮系的首轮和末轮,则定轴轮系的传动比

$$i_{1k} = \frac{n_1}{n_k} = (-1)^m \frac{\text{所有从动轮齿数的乘积}}{\text{所有主动轮齿数的乘积}} \qquad (7-1)$$

式中,m 为轮系中外啮合的次数。若 i_{1k} 为负,则说明 n_1 与 n_k 的转向相反。

在图 7-6 所示的齿轮系中,齿轮 1 为输入轮,$n_1=1440$ r/min,转动方向如图所示。蜗轮 5 为输出轮。已知 $z_1=15,z_2=25,z_{2'}=15,z_3=20,z_{3'}=15,z_4=30,z_{4'}=2$(右旋),$z_5=60$。求传动比 i_{15} 和 n_5,并确定轮 5 的转向。

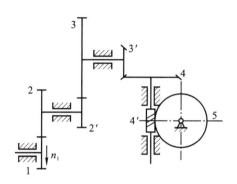

图 7-6 定轴轮系的运动简图

知识链接 7.2 周转轮系

定轴轮系中各类齿轮配合传动时,所在轴传动只能转动,无法移动。那么周转轮系中各类齿轮传动时,是怎么配合传动的?周转轮系的传动比如何计算?

一、周转轮系的构成和分类

1. 周转轮系的构成

传动时,至少有一个齿轮的几何轴线相对于机架的位置是不固定的,而是绕另一个齿轮的几何轴线转动,称为周转轮系,如图 7-7 所示。周转轮系主要由太阳轮、行星轮和行星架等构成。

(1)太阳轮:在周转轮系中,轴线固定的齿轮(图 7-7 中的齿轮 1、3)称为太阳轮(或中心轮)。

(2)行星轮:在周转轮系中,轴线不固定,既绕自身的轴线回转,又随构件 H 一起绕太阳轮轴线回转的齿轮(图 7-7 中的齿轮 2)称为行星轮。

(3)行星架:支承行星轮的构件 H 称为行星架,又称系杆或转臂。

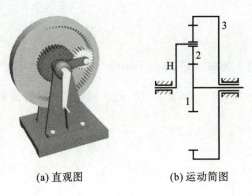

(a) 直观图　　　　　(b) 运动简图　　　　　周转轮系

图 7-7　周转轮系

2. 周转轮系的分类

周转轮系分为行星轮系和差动轮系等。

(1) 行星轮系：轮系中两个中心轮，若一个中心轮是固定的，即转速为 0（即轮系自由度 $F=1$），另一个中心轮可转动，则该周转轮系又可称为行星轮系，如图 7-8(a) 所示。

(2) 差动轮系：轮系中两个中心轮都可转动（即自由度 $F=2$），则该周转轮系可称为差动轮系，如图 7-8(b) 所示。

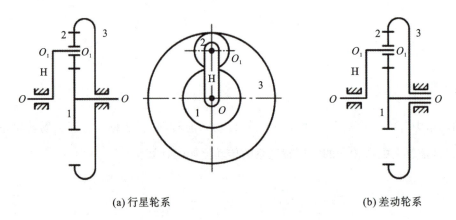

(a) 行星轮系　　　　　　　　　(b) 差动轮系

图 7-8　周转轮系的分类

行星轮系　　　　　　　差动轮系

二、简单周转轮系传动比的计算

如图 7-9(a)所示为典型周转轮系。在周转轮系中,由于行星齿轮的运动不是绕定轴的简单运动,因此其传动比不能按定轴轮系传动比的方法计算。

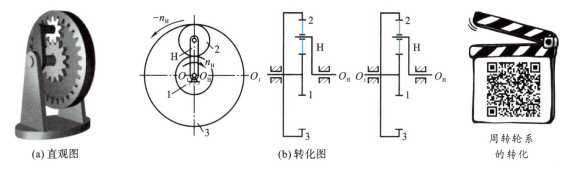

(a) 直观图   (b) 转化图   周转轮系的转化

图 7-9 周转轮系

行星齿轮系传动比的计算方式有许多种,最常用的是转化机构法。

(1)周转轮系与定轴轮系的根本区别:周转轮系有一个转动的行星架,使得行星齿轮既自转又公转。如果能设法使行星架固定不动,周转轮系可以转化为定轴轮系。

(2)假如给周转轮系加一个与行星架的转速 n_H 大小相等、方向相反的公共转速 $-n_H$,则行星架 H 变为静止,而各构件间的相对运动关系不变化。于是,所有齿轮的几何轴线位置都固定不动,得到了假想的定轴齿轮系,如图 7-10(b)所示。这种假想的定轴齿轮系称为原周转轮系的**转化轮系**。

(3)在转化轮系中,各构件的转速如表 7-1 所示。

表 7-1 转化轮系中各构件的速度关系

构件	行星轮系中的转速	转化轮系中的转速
太阳轮 1	n_1	$n_1^H = n_1 - n_H$
行星轮 2	n_2	$n_2^H = n_2 - n_H$
太阳轮 3	n_3	$n_3^H = n_3 - n_H$
行星架 H	n_H	$n_H^H = n_H - n_H = 0$
机架 4	$n_4 = 0$	$n_4^H = n_4 - n_H = -n_H$

(4)在转化轮系中,齿轮 1、3 的传动比可以用定轴轮系传动比的计算方法得出

$$i_{13}^{H} = \frac{n_1^{H}}{n_3^{H}} = \frac{n_1 - n_H}{n_3 - n_H} = -\frac{z_2 z_3}{z_1 z_2}$$

式中,齿数比之前的负号表示转化轮系中齿轮 1 与齿轮 3 的转向相反。

推广到一般情况,设在周转轮系中,首轮为 1,末轮为 k,则可写出

$$i_{1k}^{H} = \frac{n_1^{H}}{n_k^{H}} = \frac{n_1 - n_H}{n_k - n_H} = (-1)^m \frac{\text{所有从动轮齿数的乘积}}{\text{所有主动轮齿数的乘积}} \qquad (7-2)$$

式中,m——转化轮系在齿轮 1 与齿轮 k 间的外啮合次数。

应用式(7-2)必须注意以下几点:

①式中 1 为主动轮,k 为从动轮。中间各轮的主、从动地位从齿轮 1 按顺序判定。

②将 n_1、n_k 和 n_H 已知值代入时,必须带有正、负符号。规定两构件转向相同时取同号,反之取异号。

③因为只有两轴平行时,两轴转速才能相加,所以式(7-2)只适用于齿轮 1、k 和行星架轴线平行的场合。对于锥齿轮组成的周转轮系,两太阳轮和行星架轴线必须平行,转化轮系的传动比 i_{1k}^{H} 的正、负可用画箭头的方法确定。

任务训练

在如图 7-10 所示的双联行星轮系中,已知各齿轮齿数为 $z_1 = 33$,$z_2 = 20$,$z_{2'} = 26$,$z_3 = 75$。试求 i_{1H}。

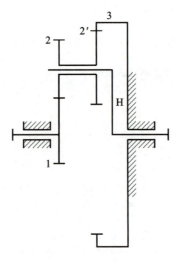

图 7-10 双联行星轮系

三、齿轮系的应用

齿轮系的应用十分广泛,主要在以下几个方面。

1. 实现相距较远的传动

当主、从动轴之间距离较远时,如用一对齿轮传动,则两齿轮的结构尺寸必然很大,导致传动机构庞大,结构很不紧凑。若采用齿轮系传动,可实现大的传动比,同时可使传动外廓尺寸减小、节约材料、减轻重量,且制造、安装方便,如图7-11所示。

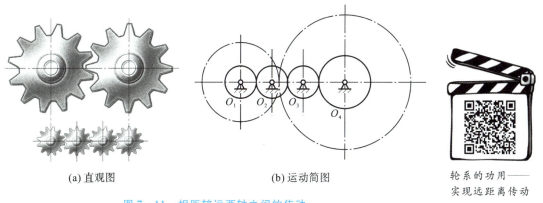

(a) 直观图　　　　(b) 运动简图　　　　轮系的功用——实现远距离传动

图7-11　相距较远两轴之间的传动

2. 实现变速和换向

所谓变速和换向,是指主动轴转速不变时,利用齿轮系使从动轴获得多种工作速度,并能方便地在传动过程中改变速度的方向,以适应工件条件的变化。例如,汽车在不同路况下可换挡变速,倒车时改变转向;车床变速箱主动轴的一种转速传到几根从动轴上,输出端获得不同转速,如图7-12所示。

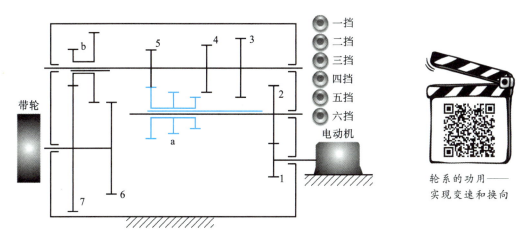

图7-12　车床变速箱的变速

3. 获得大传动比

一对齿轮传动的传动比不能过大（一般 $i=3\sim 5$，$i_{\max}\leqslant 8$），而采用齿轮系传动可以获得很大的传动比，以满足低速工作的要求。采用周转轮系，可用较少的齿轮获得很大的传动比，比如行星轮系的传动比可达 10 000，而且结构紧凑。

例如图 7-13 所示的行星轮系为一大传动比的减速器，$z_1=100$，$z_2=101$，$z_{2'}=100$，$z_3=99$。输入构件 H 对输出构件 1 的传动比 i_{H1} 是多少？

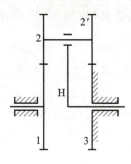

图 7-13 行星轮系

依据转化法可得出

$$i_{H1}=\frac{1}{i_{1H}}=\frac{1}{1-\dfrac{101\times 99}{100\times 100}}=10\ 000$$

4. 运动的合成与分解

具有两个自由度的周转轮系可以实现运动的合成和分解，即将两个输入运动合成为一个输出运动，或将一个输入运动分解为两个输出运动。合成运动和分解运动都可用差动轮系实现。例如，汽车后桥上采用的差速器（差动轮系），能根据汽车不同的行驶状态，自动改变两后轮的转速，如图 7-14 所示。

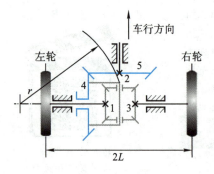  

汽车后桥差速器

图 7-14 汽车后桥差速器

汽车直线行驶时,小齿轮和侧齿轮的齿轮之间保持相对静止,如图7-15(a)所示。差速器外壳、左右轮轴同步转动,差速器内部行星齿轮只随差速器旋转,没有自转。

汽车转弯行驶时,小齿轮和侧齿轮保持相对转动,使左右轮可以实现不同的转速行驶,如图7-15(b)所示。由于汽车左右驱动轮受力情况发生变化,反馈在左右半轴上,进而破坏行星齿轮原来的力平衡,这时行星齿轮开始旋转,使弯内侧轮转速减小,弯外侧轮转速增大,行星齿轮重新达到平衡状态。

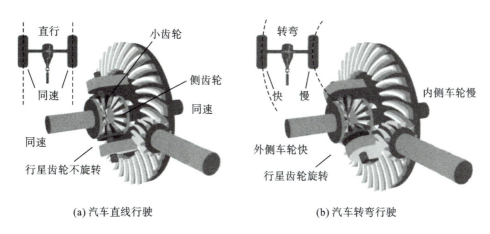

图 7-15　差速器工作原理

团结就是力量。作为集体中的一员,就要像齿轮系中的齿轮一样,服从安排、履行职责。心往一处想、劲往一处使,思想统一,才能发挥巨大的力量。

项目实施

项目名称	齿轮系	日期	
项目知识点总结	本项目以二级减速器中传动装置为学习载体,主要学习齿轮系的类型、传动比、应用等知识。通过本项目的学习,能够掌握齿轮系的相关知识与技能,会分析二级减速器内齿轮传动的组成、作用及其工作特性,能够绘制齿轮系运动简图,计算齿轮系的传动比,为学习后续有关知识、解决工程问题打好基础。		
项目实施	步骤一:认识齿轮系类型(见图7-2和图7-9),分析二级减速器中含有齿轮系的类型。  (a)平面定轴轮系 　　(b)空间定轴轮系 图7-2　定轴轮系  (a)直观图 图7-9　周转轮系 汽车二级减速器[图7-1(b)]通常为定轴轮系,其原理是通过两级齿轮传动来实现减速的目的。		

(b) 减速器中的齿轮系

图 7-1 齿轮系

项目实施

步骤二：绘制减速器中齿轮系的运动简图，如图 7-16 所示。

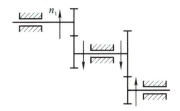

图 7-16 二级减速器运动简图

步骤三：计算定轴轮系的传动比。

$$i_{1k} = \frac{n_1}{n_k} = (-1)^m \frac{\text{所有从动轮齿数的乘积}}{\text{所有主动轮齿数的乘积}}$$

式中，m——齿轮系中外啮合的次数。

若 i_{1k} 为负，则说明 n_1 与 n_k 的转向相反。

步骤四：分析项目中齿轮系的功用。

(1) 相比一对齿轮传动，齿轮系可实现相距较远的传动；
(2) 可实现变速和换向；
(3) 获得更大传动比；
(4) 能实现运动的合成与分解。

步骤五：分析二级减速器的工作原理。

二级减速器的第一级齿轮传动由驱动轴上的主动齿轮和被动齿轮组成，它们通过啮合来传递动力。当主动齿轮转动时，由于它们之间的啮合关系，被动齿轮也会跟着转动。由于齿轮的齿数不同，所以主动齿轮转动一周，被动齿轮只转动不到一周，从而实现减速作用。

第二级齿轮传动由第一级的被动齿轮作为主动齿轮，再与第二级的被动齿轮组成。同样地，第一级的被动齿轮转动一周，第二级的被动齿轮只转动不到一周，从而再次实现减速效果。

项目拓展训练

项目名称		齿轮系		日期	
组长：		班级：		小组成员：	
项目知识点总结					
任务描述	请分析如图 7-17 所示差速器中齿轮系的类型。该齿轮系是如何实现多级调速的？  图 7-17　差速器				
任务分析					
任务实施步骤					
遇到的问题及解决办法					

项目评价

以 5~6 人为一组,选出组长并进行任务分工,各组组长展示任务完成情况,并完成考核评价表。

考核评价表

评价项目		评价标准	满分	小组打分	教师打分
专业能力	基础掌握	能准确掌握齿轮系类型及齿轮系的功用	20		
	操作技能	能准确绘制齿轮系运动简图	15		
	分析计算	能计算齿轮系传动比,分析二级减速器的工作原理	25		
素质能力	参与程度	认真参加活动,积极思考,主动与同学、老师进行交流,善于发现和解决问题	20		
	合作意识	积极参与探讨,勇于接受任务,敢于承担责任	10		
	辩证意识	能够辩证地看待问题,培养刻苦钻研的精神,发扬团队协作精神,具备服务意识	10		
总分			100		

项目巩固训练

一、填空题

1. 由一系列相互啮合齿轮所构成的传动系统称为_____。
2. 根据工作时齿轮轴线是否固定,齿轮系可分为_____和_____。
3. 周转轮系可分为_____和_____。
4. 周转轮系中,轴线固定的齿轮称为_____;能自转和公转的齿轮称为_____,这种齿轮的动轴线所在的构件称为_____。

二、选择题

1. 行星轮系的自由度为( )。
   A. 1　　　　B. 2　　　　C. 3　　　　D. 1 或 2
2. 每个单一周转轮系中心轮的数目为( )。
   A. 3　　　　B. 2　　　　C. 1　　　　D. 1 或 2
3. 在定轴轮系中,若主动轮的转速增加,则从动轮的转速( )。
   A. 一定增加　　B. 一定减小　　C. 不变　　D. 以上都有可能
4. 轮系的特点是( )。
   A. 不能获得较大的传动比　　　　B. 可以实现变速和变向要求
   C. 不适宜做较远距离传动　　　　D. 可实现运动的合成但不能分解运动

三、简答题

1. 轮系分为哪两种基本类型?它们的主要区别是什么?
2. 轮系的功用有哪些?
3. 如何计算定轴轮系的传动比?

四、计算题

1. 如图 7-18 所示,已知 $z_1=z_4=20$,$z_3=z_6=60$,试求传动比 i_{16},并用箭头标出各轮的转向。

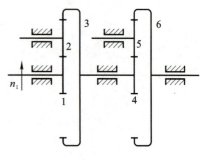

图 7-18　计算题 1 图

2. 如图 7-19 所示,已知 $z_1=18, z_2=40, z_3=25, z_4=45, z_5=1$(右旋), $z_6=40$,当 $n_1=1600$ r/min 时。

(1)在图中标出蜗轮 6 的转动方向。

(2)求传动比 i_{16}。

(3)求蜗轮 6 的转速 n_6。

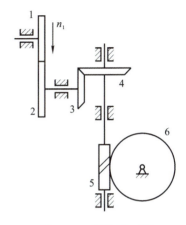

图 7-19 计算题 2 图

3. 如图 7-20 所示轮系中,已知各齿轮的齿数 $z_1=20, z_2=40, z_3=15, z_4=60, z_5=18, z_6=18$,蜗杆头数 $z_7=1$(左旋),蜗杆齿数 $z_8=40$,齿轮 9 的模数 $m=3$ mm,$n_1=100$ r/min,$z_9=20$,试求齿条 10 的速度 v_{10} 的大小和移动方向。

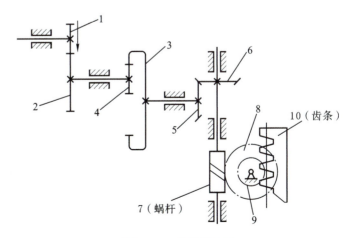

图 7-20 计算题 3 图

4. 如图 7-21 所示为滑移齿轮变速机构,运动由 I 轴输入。V 轴共有几种速度?若 I 轴转速为 $n_1 = 1000$ r/min,按图示各齿轮啮合位置计算 V 轴的转速并确定其转向。

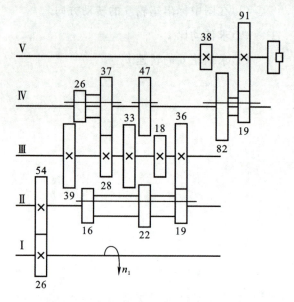

图 7-21 计算题 4 图

5. 如图 7-22 所示的周转轮系中,运动由 I 轴输入。已知 $z_1 = 15, z_2 = 25, z_{1'} = 20, z_{2'} = 20, z_3 = 60, n_1 = 400$ r/min。求 n_H 的大小并确定其转向。

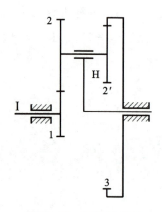

图 7-22 计算题 5 图

项目 8　轴

项目目标

【知识目标】

1. 掌握轴的类型、结构及工艺，了解轴的材料；
2. 了解联轴器的作用和类型，了解常用联轴器的结构、特点和应用；
3. 了解离合器的作用和类型，了解常用离合器的结构、特点和应用；
4. 了解联轴器和离合器在功能上的区别和联系。

【能力目标】

1. 通过轴及轴上零部件的拆卸及分析，培养观察、分析及解决问题的能力；
2. 查阅相应的机械设计手册，根据实际情况对机械传动进行基本的分析和设计。

【素质目标】

1. 了解离合器和联轴器的功用和特点，培养严谨细致、精益求精的工匠精神；
2. 看懂离合器、联轴器的结构及选用，弘扬理论联系实际、知行合一的优良作风。

项目描述

在前面接触到的机械装置中，如减速器、变速箱等，我们可以发现，做回转运动的传动件，如齿轮、带轮、链轮等，都必须安装在轴上才能实现传动，轴是机器中的重要支撑零件。此外，各类装置相互配合需要联轴器和离合器在中间起连接作用，把机械部件的轴连接起来。同时，联轴器和离合器还具备消除轴之间的偏差和振动的作用。

项目分析

机器上的传动零件需要用轴支撑才能传动，联轴器和离合器可用于轴和轴的连接。本项目以汽车传动系统为载体，通过分析传动系统的构成及工作过程来分析系统内的轴、联轴器、离合器的运行情况。离合器位于发动机和变速箱之间，将变速箱的输入轴与发动机相连，保证发动机和

汽车传动系统

变速箱之间的动力传输；万向驱动装置连接变速器输出轴和驱动桥输入轴，将发动机的动力传到车轮上。本项目需要掌握轴的分类材料、结构、设计工艺，离合器和联轴器的类型、结构及应用等。为达成本项目学习目标，需要完成如下学习任务：

知识链接 8.1　轴的分类及材料

各类传动件回转需要轴起支撑作用，同时随着传动同步转动。轴的主要类型有哪些？在不同转速的传动装置中，如何选用轴的材料？

一、轴的分类

轴是组成机器的重要零件之一，主要用于支撑旋转零件如齿轮、带轮、联轴器等，承受转矩和弯矩，以传递运动和动力。轴的种类很多，通常可根据承载情况和轴线形状进行分类。

1.承载情况

根据承载情况不同，轴可分为心轴、传动轴和转轴三类。

(1)心轴：只承受弯矩而不承受转矩的轴，主要用于支撑旋转零件。如图 8-1(a)所示。

(2)传动轴：只承受转矩，不承受弯矩或承受很小弯矩的轴，主要用于传递转矩。如图 8-1(b)所示。

(3)转轴：同时承受弯矩和转矩的轴，既支撑零件又传递转矩，如图 8-1(c)所示。工程中大多数轴都属于转轴。

自行车前轴

汽车后桥传动轴

减速器轴

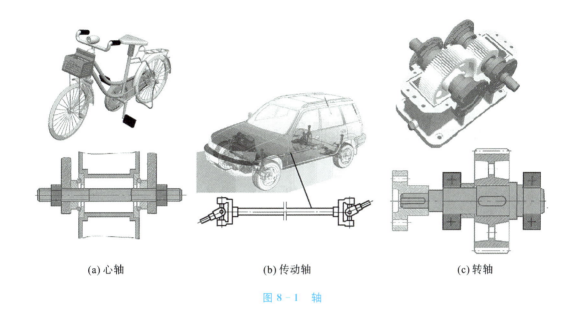

(a) 心轴　　　　　　(b) 传动轴　　　　　　(c) 转轴

图 8-1　轴

2. 轴线形状

根据轴线形状不同，轴可分为直轴、曲轴和挠性轴。

（1）直轴：直轴应用广泛，轴线呈直线。根据外形的不同，直轴又可分为光轴、阶梯轴和空心轴等，如图 8-2 所示。

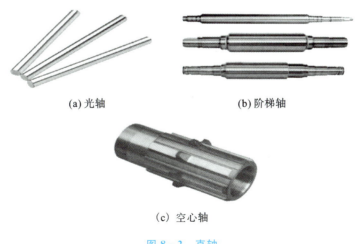

(a) 光轴　　　　　　(b) 阶梯轴

（c）空心轴

图 8-2　直轴

(2)曲轴:各轴段相互平行,但轴线不在同一条直线上,如图8-3所示。

图 8-3 曲轴

(3)挠性轴:也叫挠性钢丝软轴,具有良好的挠性,可将回转运动和转矩灵活地传递到空间任意位置,如图8-4所示。

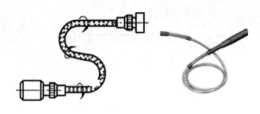

图 8-4 挠性轴

二、轴的材料

轴工作时经常承受交变荷载作用,其主要失效形式是疲劳断裂。为了保证轴的正常工作,所选择材料应具备较好的强度、韧性及耐磨性,同时考虑经济性。轴常用的材料有碳素钢、合金钢和球墨铸铁等。

1. 碳素钢

优质碳素钢具有较好的机械性能,对应力集中敏感性小,价格便宜,应用广泛。轴常用碳素钢有35钢、45钢、50钢等。一般轴采用45钢,经过调质或正火处理;有耐磨性要求的轴段,应进行表面淬火及低温回火处理。轻载或不重要的轴,可使用Q235、Q275等普通碳素钢。

2. 合金钢

合金钢具有较高的机械性能,对应力集中比较敏感,淬火性较好,热处理变形小,但价格较贵,多用于对强度和耐磨性有特殊要求的轴。例如,汽轮发电机轴要求在高速、高温、重载下工作,可采用27Cr2Mo1V、38CrMoAlA等;滑动轴承的高速轴可采用20Cr、20CrMnTi等。

3. 球墨铸铁

球墨铸铁容易获得复杂的形状,而且吸振性和耐磨性好,对应力集中敏感低,价格低廉,适于制成外形较复杂的轴。例如内燃机中的曲轴和凸轮轴,常采用QT450-10、QT600-3和QT800-3等。

轴常用材料的力学性能及应用场合如表 8-1 所示。

表 8-1 轴常用材料的主要力学性能及应用场合

材料牌号	热处理	毛坯直径/mm	硬度/HBS	力学性能/MPa					应用场合
				抗拉强度极限 R_m	屈服极限 R_{eL}	弯曲疲劳极限 σ_{-1}	剪切疲劳极限 τ_{-1}	许用弯曲应力 $[\sigma_{-1}]$	
Q235A	热轧或锻后空冷	≤100	—	410	225	170	105	40	不重要或承受载荷不大的轴
		>100~250		380	215				
45	正火	≤100	170~217	590	295	255	140	55	较重要的轴，应用最广泛
	调质	≤200	217~255	640	355	275	155	60	
20Cr	渗碳淬火回火	≤60	渗碳 56~62HRC	640	390	305	160	60	强度及韧性要求较高的轴
40Cr	调质	≤100	241~286	735	540	355	200	750	承受较大载荷而无很大冲击的重要轴
		>100~300		685	490	355	185		
40CrNi	调质	≤100	270~300	900	735	430	260	75	重要的轴
		>100~300	240~270	785	570	370	210		
38CrMoAlA	调质	≤60	293~321	930	785	440	280	75	要求高耐磨性、高强度且热处理（氮化）变形很小的轴
		>60~100	277~302	835	685	410	270		
		>100~160	241~277	785	590	375	220		

知识链接 8.2　轴的结构及工艺

轴与对应的传动件同步转动，与轴孔配合。为了满足传动要求，轴的主要结构有哪些？工作时如何使轴上零件与轴同步转动？

一、轴的结构

轴作为一般零件,没有标准的结构形式,通常情况下,轴的结构设计应满足以下要求:

①轴和装配在轴上的零件要有可靠的工作定位;

②轴应便于加工和尽量避免或减小应力集中;

③轴上零件装拆、调整方便;

④轴应具有良好的结构工艺性等。

下面以阶梯轴为例,介绍轴的结构及工艺性。

1. 轴的构成

如图 8-5 所示为减速器输出轴的结构图,阶梯轴主要由轴颈、轴环、轴头、轴肩和轴身等部分组成。轴颈为轴与轴承配合的部分;轴头是指轴与传动零件(齿轮、带轮、联轴器等)配合的部分;轴身指连接轴头与轴颈的中间部分;轴肩和轴环指起定位作用的阶梯轴截面变化的部分,其中直径尺寸两边都变化的称为轴环。

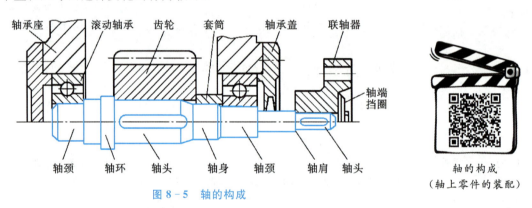

图 8-5 轴的构成

轴的构成
(轴上零件的装配)

2. 轴上零件的定位与固定

定位是为了保证零件在轴上有准确的安装位置,固定是为了保证轴上零件在运转过程中保持原位不变。为防止轴上零件受力时发生沿轴向或周向的相对运动,零件在轴上必须轴向固定或周向固定。

1)轴向定位及固定

轴向定位及固定可保证零件在轴上有确定的轴向位置,防止零件做轴向移动,并能承受轴向力。

常用轴向定位及固定的方法有轴肩(或轴环)、套筒、双螺母(或圆螺母配止动垫片)、弹性挡圈、紧定螺钉、轴端挡圈、圆锥形轴头等,如表 8-2 所示。

表 8-2 常见轴向定位方法的特点及应用

定位方法	简图	特点及应用
通过轴肩或轴环定位	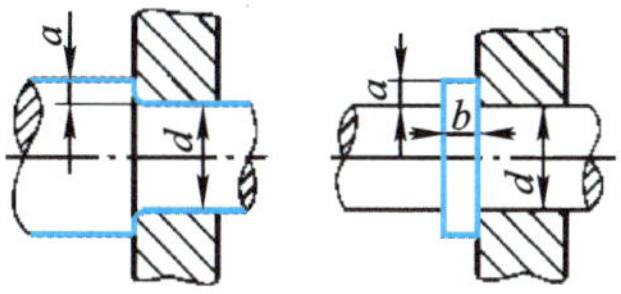	结构简单、固定可靠，可承受较大的轴向力，常用于齿轮、带轮、链轮和联轴器等的轴向定位
通过套筒定位	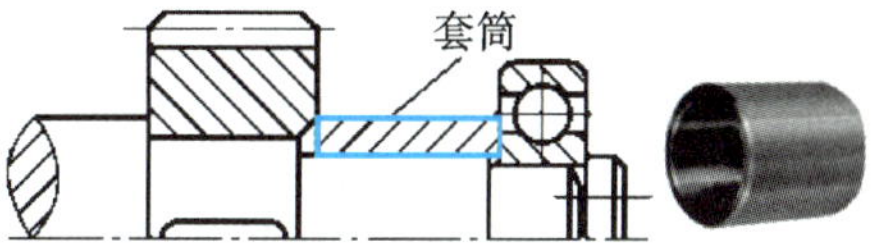	固定可靠，可承受较大的轴向力，轴上不需要钻孔、切削螺纹，对轴的强度影响小，一般用于零件间距较小的定位，但不宜用在转速较高的场合
通过弹性挡圈定位	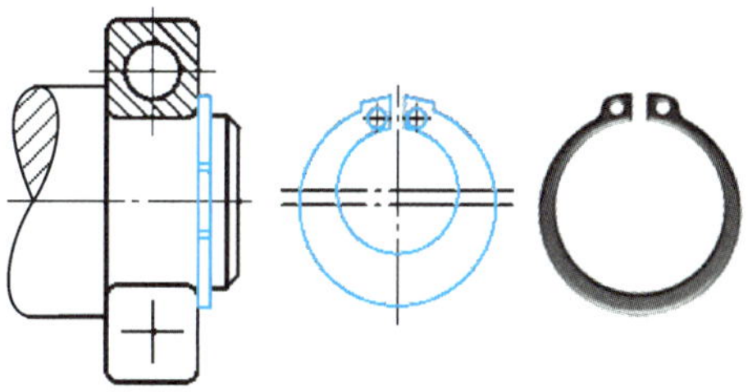	结构简单、紧凑，但只能承受较小的轴向力，一般用于滚动轴承的轴向定位
通过圆螺母定位	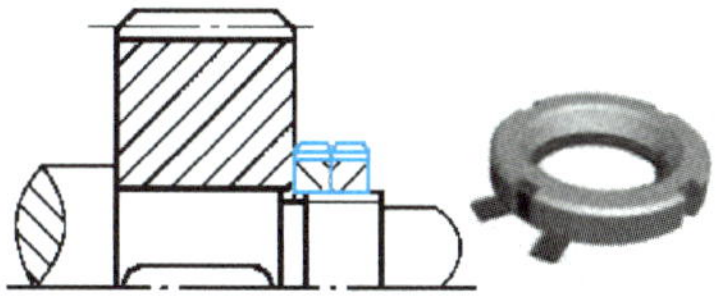	固定可靠，可承受较大的轴向力，但轴上切削螺纹后会使轴的强度降低，常用双圆螺母或圆螺母与止动垫圈配合来定位轴端零件
通过轴端挡圈定位	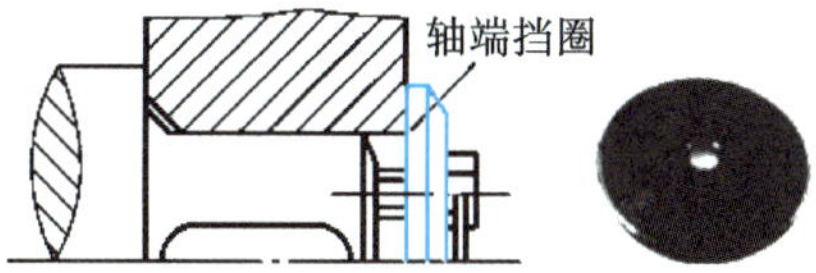	常用于固定轴端零件，可以承受剧烈的振动和冲击载荷
通过紧定螺钉或销定位	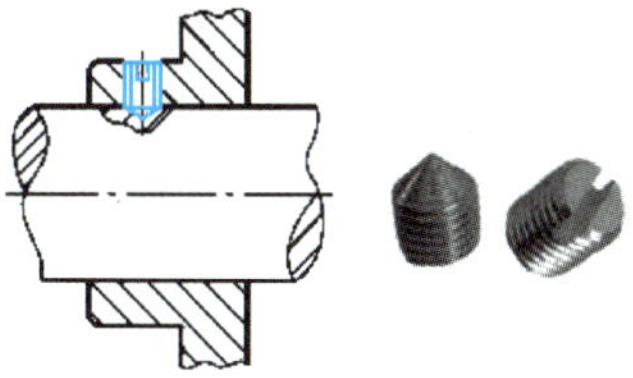	适用于轴向力很小、转速很低或防止偶然轴向滑移的场合，同时也可以起到周向固定的作用
通过圆锥形轴头定位	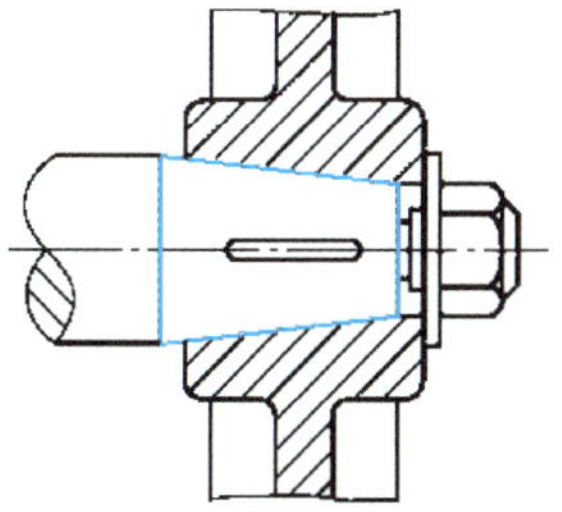	能够消除轴与轮毂间的间隙，装拆方便，并可以兼顾周向固定，能承受较大的冲击载荷，常用于轴端零件的固定

如图 8-5 所示的联轴器,它的左边利用轴肩定位,右边用轴端挡圈进行固定。通过轴的轴肩定位方便、简单又可靠,减少了轴上零件的数量,简化了结构。这种设计理念在齿轮与右边轴承的轴向定位设计上同样适用。

在图 8-5 中,齿轮的左端采用了轴环进行轴向固定,也可以采用套筒进行固定;套筒也起到对右端轴承轴向定位的作用。为了使套筒能够与齿轮的端面良好接触起到固定作用,在轴头长度的设计中,应该让轴头长度比齿轮的轮毂长度略短一点。由此看出,设计需要我们细心而严谨地考虑问题,在实施过程中树立起自立协作、细致严谨的工作态度。

2)周向定位及固定

周向定位及固定保证轴能可靠地传递运动和转矩,防止轴上零件与轴产生相对转动。

常用的周向定位及固定的方法有平键、花键、销、型面连接、过盈配合、弹性环连接等,如图 8-6 所示。

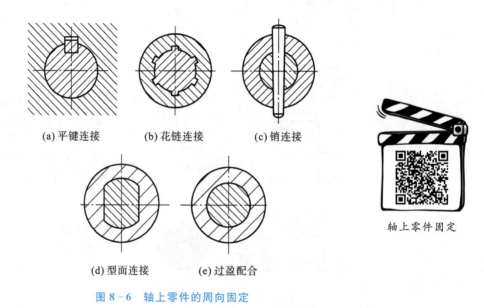

(a) 平键连接　　(b) 花键连接　　(c) 销连接

(d) 型面连接　　(e) 过盈配合

轴上零件固定

图 8-6　轴上零件的周向固定

二、轴的工艺性

轴的工艺性指轴的结构形式应便于加工、便于轴上零件的装配和便于使用维修,并且能提高生产率、降低成本。在满足使用要求的情况下,轴的结构越简单,工艺性越好。

通常,有关轴的加工工艺性和装配工艺性应注意以下问题:

(1)轴的结构和形状应力求简单,便于加工、装配、维修及检验。

(2)阶梯轴的直径应该是中间大、两端小,以便于轴上零件的装拆。

(3)为使轴便于装配,轴端、轴颈与轴肩(或轴环)的过渡部位应有倒角或过渡圆角,并应尽可能使倒角大小一致或圆角半径相同,以便于加工。

(4)轴上需要切制螺纹或进行磨削时,应有螺纹退刀槽或砂轮越程槽。

(5)当轴上有多处键槽时,槽宽应尽可能统一,并布置在同一母线上,以利加工。

知识链接 8.3　联轴器与离合器

联轴器和离合器都可以把轴连接起来,那两者的主要结构各是什么?使用时有哪些不同?各有哪些类型?

联轴器和离合器都是机械传动中常用部件,并且大多已标准化,主要功用都是把不同部件的轴连接成一体,以传递运动和转矩。

一、联轴器

联轴器是机械传动中的常用部件,主要用于连接两传动轴,使两轴一起转动并传递转矩。有时也作为一种安全装置用来防止被连接机件承受过大的载荷,起到过载保护作用。机器工作时,联轴器无法拆开,只有机器停止工作时,才能将连接的两轴分离。

由于制造和安装的误差以及承载变形、受热变形和基础下沉等一系列原因,可能使联轴器所连接的两轴轴线不重合且产生相对位移,如图 8-7 所示,这就要求联轴器在结构上具有适应一定相对位移的能力。

常用联轴器的作用和类型

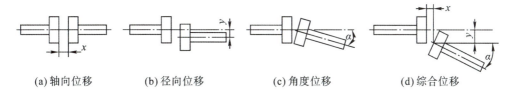

(a) 轴向位移　　(b) 径向位移　　(c) 角度位移　　(d) 综合位移

图 8-7　两轴的相对位移

联轴器类型很多,通常根据被连接两轴的相对位置及是否有补偿能力,分为刚性联轴器和挠性联轴器两大类。

1. 刚性联轴器

刚性联轴器各零件都是刚性的,缺乏缓冲、吸振能力,且它们间不能作相对运动,不具备补偿两轴相对位移的能力。但此类联轴器结构简单,制造成本较低,装拆、维护方便,能保证两轴有较高的对中性,传递转矩较大,应用广泛。常用的刚性联轴器有套筒联轴器和凸缘联轴器等。

1)套筒联轴器

套筒联轴器由套筒和连接零件组成,如图8-8所示。采用键连接时,需要用紧定螺钉进行轴向固定,轴可传递较大的转矩,如图8-8(b)所示;采用销连接时,轴只能传递较小的转矩,若按过载时圆锥销剪断进行设计,则可用作为安全联轴器,如图8-8(c)所示。

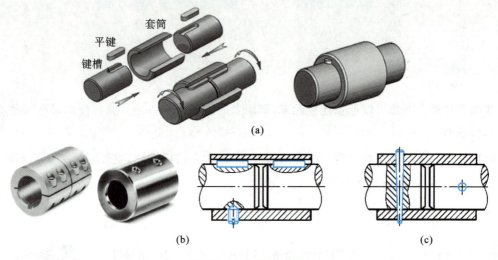

图8-8 套筒联轴器

套筒联轴器结构简单紧凑,易于制造,在机床中应用广泛,但拆卸不方便,两轴对中性要求较高,适用于对中严格、低速轻载无冲击、安装精度高的场合。

2)凸缘联轴器

凸缘联轴器由两个带凸缘的半联轴器和一组螺栓组成,如图8-9所示。凸缘联轴器有两种对中方式:一种是用配合螺栓对中,工作时靠螺栓杆的剪切和螺栓杆与孔壁的挤压来传递转矩。这种方式传递转矩的能力较强,装拆时轴不需要做轴向移动,但螺栓孔需配铰,如图8-9(b)所示。另一种是通过分别具有凸槽和凹槽的两个半联轴器的相互嵌合来对中,工作时靠两个半联轴器接合面间的摩擦力来传递转矩。这种方式对中精度高,但装拆时需作轴向移动,如图8-9(c)所示。

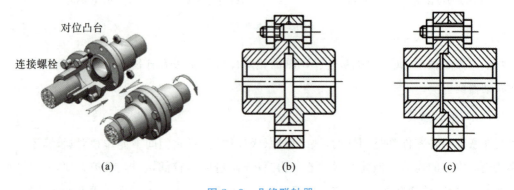

图8-9 凸缘联轴器

凸缘联轴器结构简单、工作可靠、刚性好,使用和维护方便,可传递大的转矩,主要适用于两轴对中精度良好、载荷平稳、转速不高的传动场合。

2. 挠性联轴器

挠性联轴器又按是否具有弹性元件,分为无弹性元件和有弹性元件联轴器两种。

1)无弹性元件联轴器

无弹性元件联轴器没有弹性元件,不能缓冲减振,通过刚性元件相对运动补偿被连接两轴之间的相对移动。常用的无弹性元件联轴器有滑块联轴器、齿式联轴器和万向联轴器等。

(1)滑块联轴器,如图 8-10 所示,由两个在端面开有凹槽的半联轴器和一个滑块组成。工作时,滑块随两轴转动,同时滑块可在两半联轴器的凹槽中滑动,以补偿两轴的径向位移。

图 8-10　滑块联轴器

滑块联轴器径向尺寸小,结构简单。当轴转速较高时滑块的偏心会产生较大的离心力,因此滑块联轴器常用于低速、无剧烈冲击的场合。

(2)齿式联轴器,如图 8-11 所示,两个半联轴器分别与主动轴和从动轴相连,两个外壳的内齿套在半联轴器的外齿上,并由螺栓连接在一起。齿式联轴器有较多的齿同时工作,靠齿的啮合传递转矩并要保证轮齿间可靠的润滑及密封,因而传递转矩大。

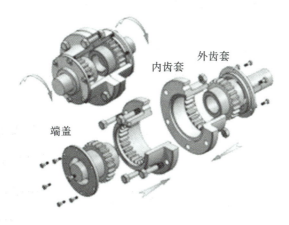

图 8-11　齿式联轴器

齿式联轴器外形尺寸紧凑,工作可靠。与滑块联轴器相比,齿式联轴器的转速较高,且因为是多齿同时啮合,故齿式联轴器工作可靠、承载能力大,但结构复杂、制造成本高,常用于起动频繁、经常正反转的重型机械或低速重载机械中。

(3)万向联轴器,由两个叉形零件和一个十字销轴组成,如图8-12(a)所示。万向联轴器允许两轴间有较大的角位移,其夹角α可达40°～45°。

万向联轴器主要用于两轴有较大偏斜角的场合,但α角越大,传动效率越低。单个使用时,当主动轴以等角速度转动时,从动轴作变角速度回转,从而在传动中引起附加载荷,且夹角越大,两轴瞬时角速度相差越大。为了避免这种现象,一般采用两个联轴器成对使用,称为双万向联轴器,如图8-12(b)所示。

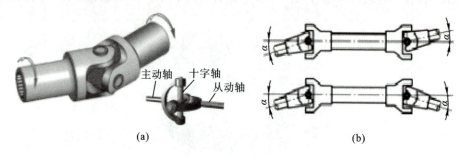

图8-12 万向联轴器

万向联轴器结构紧凑,拆装便利,运行平稳,维护方便,在汽车、船舶、机床等各个领域广泛应用。

2)有弹性元件联轴器

有弹性元件联轴器中含有弹性元件,具有缓冲、吸振的能力,可以靠弹性元件的变形来补偿两轴间的相对位移。常用有弹性元件联轴器有弹性套柱销联轴器、弹性柱销联轴器和轮胎式联轴器等,广泛应用于经常正反转、启动频繁的场合。

(1)弹性套柱销联轴器,如图8-13所示,其结构与凸缘联轴器相似,只是用套有弹性套的柱销代替了连接螺栓。弹性套的材料大多采用橡胶。

弹性套柱销联轴器制造容易、装拆方便、成本较低,但弹性套易磨损、寿命较短。它适用于载荷平稳,正反转或启动频繁、转速高的中小功率的两轴连接中。

图8-13 弹性套柱销联轴器

(2)弹性柱销联轴器,如图8-14所示。这种联轴器用弹性尼龙柱销将两个半联轴器连接起来,为防止柱销脱落,两侧装有挡板。

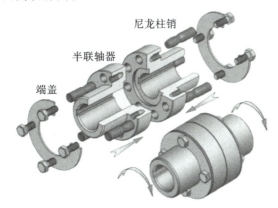

图8-14 弹性柱销联轴器

与弹性套柱销联轴器相比,弹性柱销联轴器传递转矩的能力强,结构更为简单,制造容易、更换方便,而且柱销的耐磨性好、寿命长。由于尼龙柱销对温度较敏感,故弹性柱销联轴器工作温度限制在 $-20\ ℃\sim70\ ℃$。弹性柱销联轴器常用于速度适中、有正反转或启动频繁、对缓冲要求不高的场合。

(3)轮胎式联轴器,如图8-15所示,其弹性元件是由橡胶或橡胶织物制成的轮胎环,通过压板与螺栓和两半联轴器相连,两半联轴器与两轴相连。这种联轴器因具有橡胶轮胎弹性元件,能缓冲吸振,其结构简单、工作可靠、具有良好的综合位移补偿能力,适用于潮湿多尘,冲击大、启动频繁及经常正反转的场合。

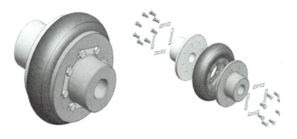

图8-15 轮胎式联轴器

二、离合器

离合器主要用于机器运转过程中轴和轴的连接。在机器工作时可根据需要随时将主动、从动轴接合或分离,这是离合器与联轴器的根本区别。离合器也可用于启动、换向、变速、停止及过载保护等场合。

离合器类型很多,按工作原理可分为啮合式离合器和摩擦式离合

离合器的作用和结构

器。啮合式离合器依靠齿的嵌合来传递转矩和运动,其结构简单、尺寸较小、承载能力强,主、从动轴可同步转动,但接合时有冲击,只能在机器停机或低速时接合。摩擦式离合器依靠工作表面间的摩擦力来传递转矩和运动,其离合平稳,可实现高速接合,且具有过载打滑保护作用,但主、从动轴不能严格同步,且接合时易产生磨损、传递的转矩小,适用于高速、低转矩的场合。

1. 牙嵌离合器

牙嵌离合器是一种啮合式离合器,如图 8-16 所示,主要由两个端面上带牙的 2 个半离合器组成。主动半离合器用平键固定在主动轴上,从动半离合器用键与从动轴连接,操纵机构通过导套的轴向移动以操纵离合器的接合与分离。

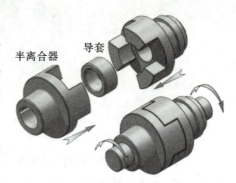

图 8-16　牙嵌离合器

牙嵌离合器的接合与传递转矩是靠相互啮合的牙来实现的。牙可布置在周向,也可布置在轴向。结合时有冲击,会影响齿轮寿命。

牙嵌离合器常用的牙形有矩形、梯形和锯齿形等。

（1）矩形牙:牙的强度低,磨损后无法补偿,难于接合,只能用静止状态下手动离合的场合。

（2）梯形齿:牙的强度高,承载能力大,能自行补偿磨损产生的间隙,并且接合与分离方便,但啮合齿间的轴向力有使其自行分离的可能。这种牙形的离合器应用广泛。

（3）锯齿形:牙的强度高,承载能力最大,但仅能单向工作,反向工作时齿面间会产生很大的轴向力使离合器自行分离而不能正常工作。

牙嵌离合器结构简单、尺寸紧凑、工作可靠、承载能力大、传动准确,但在运转时接合有冲击,容易打坏牙,所以一般离合操作只在低速或静止状况下进行。

2. 膜片弹簧离合器

膜片弹簧离合器是一种摩擦式离合器,由主动部分、从动部分、压紧机构和操纵机构等组成,如图 8-17 所示。主动部分由飞轮、离合器盖和压盘组成。从动部分包括从动盘和从动轴,从动盘一般都带有扭转减震器。压紧机构是膜片弹簧,其径向开有若干切槽,形成弹性杠杆。工作时,飞轮和压盘与从动盘(摩擦盘)面接触,通过摩擦作用把运动传给从动盘。当驾驶员松开或踩下离合器踏板时,通过离合器机构的传动带动压盘移动,使从动部分与主动部分分离或结合。

膜片弹簧离合器承载能力强,能够承受大扭矩和高功率,能效比高、反应速度快、声音小,但维护成本较高,安装复杂,适用于大型机械设备和高性能汽车。

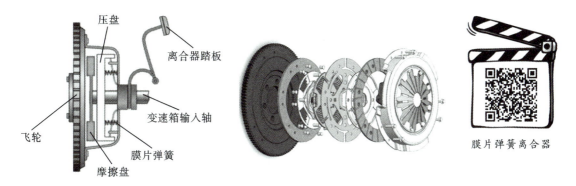

图 8-17 膜片弹簧离合器

3. 单片式摩擦离合器

如图 8-18 所示,单片式摩擦离合器的主动轴和从动轴上分别安装了摩擦盘,操纵滑环可以使摩擦盘沿轴向移动,使两摩擦盘接合或分离。接合时将从动盘压在主动盘上,主动轴上的转矩即由两盘接触面间产生的摩擦力矩传到从动轴上。

单片式摩擦离合器

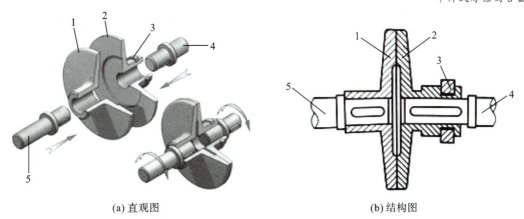

(a) 直观图　　　　　　　(b) 结构图

1,2—摩擦盘;3—滑环;4—从动轴;5—主动轴。

图 8-18 单片式摩擦离合器

单片式摩擦离合器结构简单,但依靠摩擦盘接触产生的摩擦力传动,径向尺寸较大,只能传递不大的转矩,多用于传递转矩较小的轻型机械中。

4. 多片式摩擦离合器

多片式摩擦离合器如图 8-19 所示。图 8-19(c)中,主动轴 1 与外壳 2 相连接,从动轴 3 与套筒 4 相连接。外壳 2 的内缘开有纵向槽,外摩擦片 5 以其凸齿插入外壳 2 的纵向槽中,因此外摩擦片5可与主动轴1一起转动,并可在轴向力推动下沿轴向移动。内摩擦片6以其凹槽与套筒4上的凸齿相配合,故内摩擦片6可与从动轴3一起转动并可沿轴向移动。内、外摩擦片相间安装。另外,在套筒4上开有三个纵向槽,其中安置可绕销轴转动的曲臂杠杆8。当滑环7向左移动时,通过曲臂杠杆8、压板9使两组摩擦盘压紧,离合器即处于接合状态;当滑环7向右移动时,摩擦盘松开,离合器即分离。

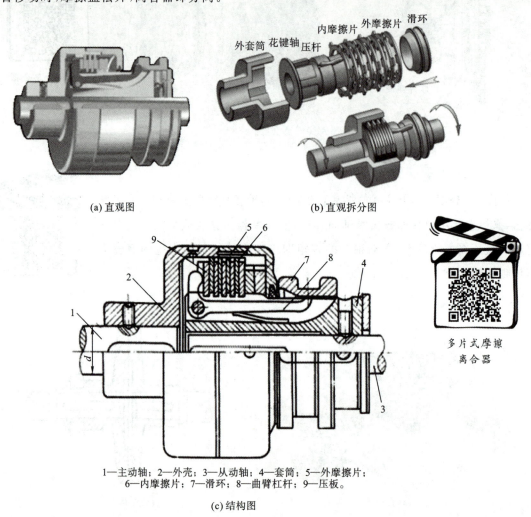

1—主动轴;2—外壳;3—从动轴;4—套筒;5—外摩擦片;
6—内摩擦片;7—滑环;8—曲臂杠杆;9—压板。
(c) 结构图

图 8-19　多片式摩擦离合器

多片式摩擦离合器传递转矩的大小随接合面数量的增加而增大,但接合面数量太多时,会影响离合器的灵活性,所以一般接合面数量不大于25～30。

多片式摩擦离合器两轴能在任何转速下接合,接合与分离过程平稳,过载时会发生打滑,适用载荷范围大;但其结构复杂、成本高,在接合或分离过程中要产生滑动摩擦,故发热和磨损较大。为了减轻磨损和利于散热,可以把摩擦离合器浸入油中工作。

项目 实施

项目名称	轴		日期	
项目知识点总结	在各类加工、运输机械,如机床、汽车中,轴对整台机器的性能有着非常重要的影响。除材料外,轴的结构及工艺对轴的性能影响最大。 本项目以减速器中的阶梯轴为学习载体,分析阶梯轴结构和工艺性的设计、轴上零件与轴的连接固定方式等,为学习后续有关知识、解决工程问题打好基础。			
项目实施	步骤一:认识各类轴(图8-2—图8-4)及其连接件,分析汽车传动系统中的轴。 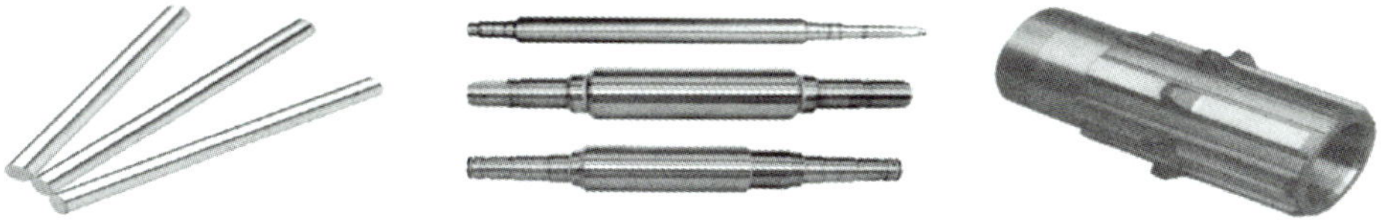 (a) 光轴　　　　(b) 阶梯轴　　　　(c) 空心轴 图8-2　直轴 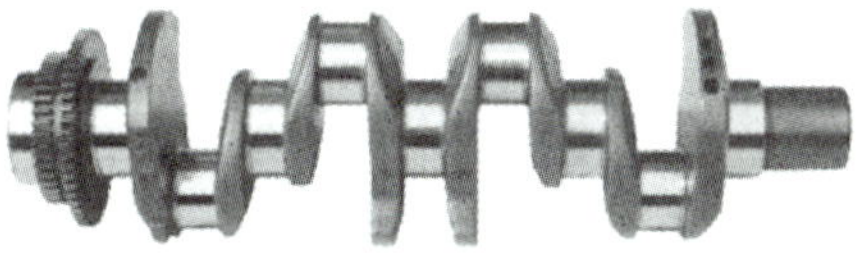 图8-3　曲轴 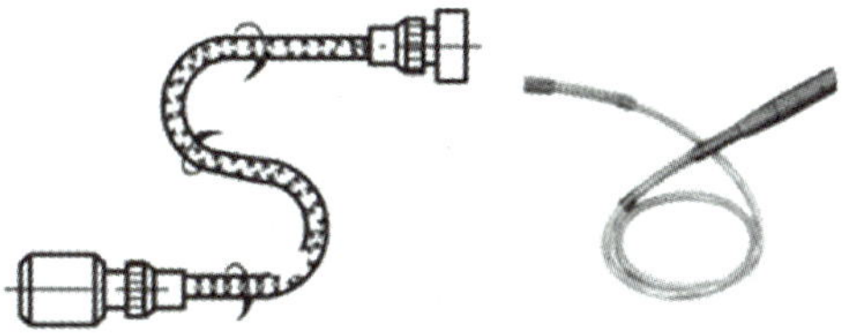　　　　图8-4　挠性轴 如图6-1所示,减速器中的阶梯轴在传动时既支撑传动件又传动转矩,属于转轴。 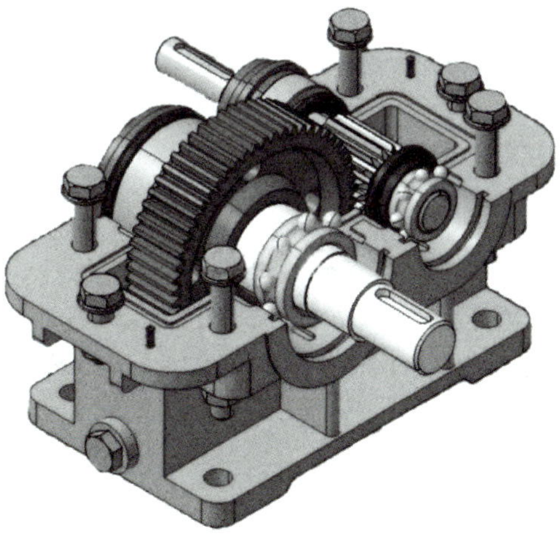 图6-1　单级(一级)圆柱齿轮减速器			

步骤二：绘制减速器中的某一阶梯轴的结构（图8-5）及轴上配合件。

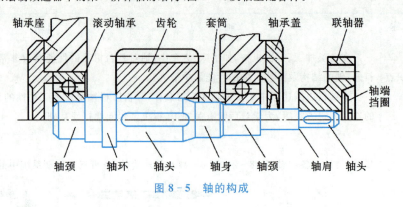

图8-5 轴的构成

步骤三：分析轴与轴上零件配合。

减速器中阶梯轴的轴颈部位与轴承配合，通过两处配合将轴支撑在轴承上；左端轴头部位与齿轮配合，通过键连接的方式使齿轮与轴同步转动，进行周向固定，轴环与套筒对轴上齿轮进行轴向固定；右端轴头部位与联轴器配合，通过键连接方式周向固定，又使用挡圈轴向固定。

步骤四：观察减速器阶梯轴实际工作过程，理解轴的结构及工艺性的设计要求。

(1)轴的结构是指轴的形状和尺寸，它主要取决于：

①轴在机器中的安装位置及形式；

②轴上零件的类型、尺寸、数量，以及轴上零件与轴的连接方法；

③轴所受载荷的性质、大小、方向及分布情况；

④轴的加工工艺等。

(2)轴的结构应满足以下要求：

①轴及轴上零件要有准确的定位和可靠的固定；

②轴上零件能方便地进行装拆和调整；

③轴的受力合理，尽量避免应力集中的现象；

④轴具有良好的加工工艺性。

步骤五：分析减速器的工作原理，确定阶梯轴的选材。

变速箱中轴传动时既承受弯矩又承受转矩，所用材料需要具有良好的耐磨性、韧性强度和较高的强度，故采用耐磨性和韧性等方面均较好的碳素钢。

项目拓展训练

项目名称	轴		日期	
组长：	班级：		小组成员：	
项目知识点总结				
任务描述	请观察如图 8-20 所示某自动洗衣机减速器中轴的类型，分析减速器内轴的结构，以及轴上零件与轴的连接固定方式。 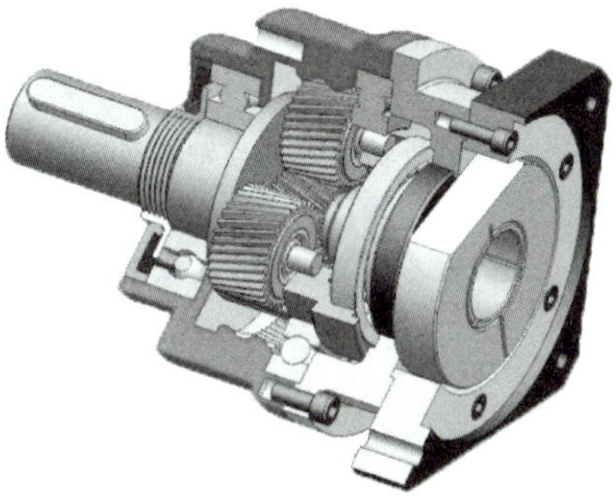 图 8-20 自动洗衣机减速器			
任务分析				
任务实施步骤				
遇到的问题及解决办法				

项目评价

以 5~6 人为一组，选出组长并进行任务分工，各组组长展示任务完成情况，并完成考核评价表。

考核评价表

评价项目		评价标准	满分	小组打分	教师打分
专业能力	基础掌握	能准确理解轴的结构设计与工艺性的要求	20		
	操作技能	能熟练地使用制图工具。绘制新图操作过程有序、手法规范	15		
	分析计算	能分析轴上零件与轴的连接固定方式	25		
素质能力	参与程度	认真参加活动，积极思考，主动与同学、老师进行交流，善于发现和解决问题	20		
	合作意识	积极参与探讨，勇于接受任务，敢于承担责任	10		
	辩证意识	能够细心而严谨地思考问题，树立自立协作、细致严谨的工作态度	10		
总分			100		

项目巩固训练

一、填空题

1. 按承载情况的不同,直轴可分＿＿＿＿＿、＿＿＿＿＿和＿＿＿＿＿三种。
2. 在轴上安装零件有确定的位置,所以要对轴上零件进行＿＿＿＿＿固定和＿＿＿＿＿固定。
3. 轴上的齿轮主要靠＿＿＿＿＿进行轴向定位和固定,常用＿＿＿＿＿进行周向定位和固定。
4. 工作时既承受弯矩又传递扭矩的轴叫＿＿＿＿＿。
5. 常见联轴器可分为＿＿＿＿＿和＿＿＿＿＿。

二、选择题

1. 自行车轮的轴是(　　),减速器的主轴是(　　),汽车下部由发动机、变速器,通过万向联轴器带动后轮差速器的轴是(　　)。

    A. 心轴　　　　B. 转轴　　　　C. 传动轴

2. 联轴器与离合器的主要作用是(　　)。

    A. 缓和冲击和振动　　　　B. 补偿两轴间的偏移
    C. 连接两轴并传递运动和转矩　　　　D. 防止机器发生过载

3. 刚性联轴器和挠性联轴器的主要区别是(　　)。

    A. 挠性联轴器内装有弹性件,而刚性联轴器没有
    B. 挠性联轴器能补偿两轴间的偏移,而刚性联轴器不能
    C. 刚性联轴器要求两轴对中,而挠性联轴器不要求对中
    D. 挠性联轴器过载时能打滑,而刚性联轴器不能

4. 刚性联轴器不适用于(　　)工作场合。

    A. 两轴线有相对偏移　　　　B. 传递较大转矩
    C. 两轴线要求严格对中　　　　D. 以上都是

5. (　　)不是弹性套柱销联轴器的特点。

    A. 结构简单,装拆方便　　　　B. 能吸收振动和补偿两轴的综合位移
    C. 价格低廉　　　　D. 弹性套不易损坏,使用寿命长

6. 啮合式离合器适用于在(　　)接合。

    A. 单向转动时　　　　B. 高速转动时
    C. 正反转工作时　　　　D. 低速或停车时

7. 万向联轴器是(　　)。

    A. 刚性联轴器　　　　B. 无弹性元件挠性联轴器
    C. 非金属弹性元件挠性联轴器　　　　D. 刚性安全离合器

8. (　　)具有良好的补偿性,允许有综合位移,可在高速重载下可靠地工作,常用于正反转变化多、启动频繁的场合。

　　A. 齿轮联轴器　　　　　　　　B. 套筒联轴器

　　C. 万向联轴器　　　　　　　　D. 滑块联轴器

9. (　　)结构与凸缘联轴器相似,只是用带有橡胶弹性套的柱销代替了连接螺栓,制作容易、装拆方便、成本较低,但使用寿命短,适用于载荷平稳,启动频繁,转速高,传递中、小转矩的轴。

　　A. 凸缘联轴器　　　　　　　　B. 弹性套柱销联轴器

　　C. 万向联轴器　　　　　　　　D. 滑块联轴器

10. 对低速、刚性大的短轴,常选用的联轴器为(　　)。

　　A. 刚性固定式联轴器　　　　　B. 刚性可移式联轴器

　　C. 弹性联轴器　　　　　　　　D. 安全联轴器

三、判断题

1. 为了提高刚度,同时减轻重量、节省材料,常常将轴制成空心的。(　　)
2. 通过离合器连接的两轴可在工作中随时分离。(　　)
3. 弹性联轴器利用弹性元件的变形来补偿两轴间的位移。(　　)
4. 一级减速器中的两个齿轮轴都是心轴。(　　)
5. 联轴器具有安全保护作用。(　　)
6. 万向联轴器主要用于两轴相交的传动。为了消除不利于传动的附加动荷载,一般将万向联轴器成对使用。(　　)
7. 汽车从启动到正常行驶过程中,离合器能方便地接合或断开动力的传递。(　　)
8. 就连接、传动而言,离合器和联轴器是相同的。(　　)
9. 离合器能根据工作需要,使主、从动轴随时接合或分离。(　　)
10. 联轴器主要用于把两轴连接在一起,机器运转时不能将两轴分离,只有在机器停车时才可分离。(　　)

四、简答题

1. 联轴器的主要作用是什么?常见的联轴器有哪些类型?

2.离合器的主要作用是什么？离合器与联轴器有什么区别？常见的离合器有哪些类型？

3.轴上常用的轴向定位结构是什么？

4.轴上回转零件常用的周向定位方式有哪些？

5.一般情况下,轴的结构应满足哪些要求？

项目 9　轴　承

项目目标

【知识目标】

1. 掌握滚动轴承的结构和类型；
2. 掌握滚动轴承的代号含义和应用；
3. 掌握滑动轴承的类型、特点和应用。

【能力目标】

1. 了解滚动轴承的代号含义并能正确选择滚动轴承的类型；
2. 能够正确选择及使用滑动轴承。

【素养目标】

1. 养成执行标准、遵守规范操作的习惯；
2. 通过项目实施，培养团队合作意识；
3. 通过轴承国标代号的学习，提升遵守标准、规范的职业意识和学以致用的职业素养。

项目描述

生活中的许多机械设备都需要用轴承将轴与轮结合，如图 9-1 所示。轴承是机器中的基础元件，它广泛应用于各行各业的机械产品中，被誉为机器的"关节"。轴承这个看似平常的部件在各种机器运行过程中起到非常关键的作用。以汽车为例，一辆汽车中一般要使用 100～150 个轴承，如果没有轴承，车轮将咯咯作响，变速箱的齿轮无法啮合，汽车将无法行驶。

(a) 自行车车轮上的滚动轴承

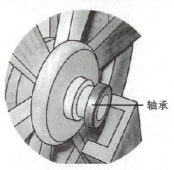
(b) 水车车轮上的滑动轴承

(c) 印刷机上的滑动轴承

图 9-1　各种各样的轴承

在汽车发动机曲轴联动机构中,曲轴与缸体的曲轴座(俗称大瓦)、曲轴与连杆(俗称小瓦)、连杆与活塞销、凸轮轴与座孔,这些连接都用到了滑动轴承;而曲轴与缸体之间主轴的支承用到了滚动轴承。

请分析一下,图9-2所示的发动机曲轴联动机构中,有哪些轴承结构?它们在使用上有什么特点?

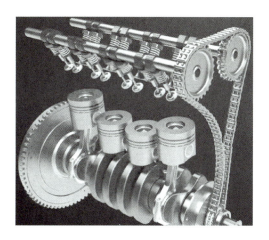

图9-2 汽车发动机曲轴联动机构

项目分析

轴承可以支承轴及轴上回转的部件,并保持轴的旋转精度,减少转轴与支承之间的摩擦与磨损,如图9-3所示。

图9-3 各种各样的轴承

按工作时运动元件摩擦性质的不同,轴承分为滚动摩擦轴承(简称滚动轴承)和滑动摩擦轴承(简称滑动轴承)两大类。

滚动轴承具有启动灵活、摩擦阻力小、效率高、轴向结构紧凑、润滑简便及易于互换等优点,并且已经标准化、系列化,所以应用广泛。但与滑

轴与轴承

动轴承相比滚动轴承的径向尺寸、振动和噪声较大,价格也较高。

滑动轴承在高速、高精度、重载、结构上要求剖分等场合中显示出其优良特性,尤其是在汽轮机、离心式压缩机、内燃机、大型电机等中,多采用滑动轴承。此外,在低速且带有冲击的机器,如水泥搅拌机、滚筒清砂机、破碎机等中,也常采用滑动轴承。

本项目以汽车发动机常用轴承为载体,了解国家标准中滚动轴承的代号、类型及应用。为达成本项目学习目标,需要完成如下学习任务:

▶ 知识链接 9.1　滚动轴承的结构、特点及代号

图 9-1 所示各类轴承都是如何工作的?标准化的轴承在使用过程中,其类型是如何选择的?国标中是如何规范轴承的代号的?

一、滚动轴承的结构和特点

滚动轴承是指在承受载荷和彼此相对运动的零件间有滚动体做滚动运动的轴承,它一般由外圈、滚动体、内圈和保持架等组成,如图 9-4 所示。其中内圈装在轴径上,与轴一起转动;外圈装在机座的轴承孔内,一般固定不动或偶作少许转动。内、外圈上设置有滚道,当内外圈之间相对旋转时,滚动体沿着滚道滚动。保持架使滚动体均匀分布在滚道上,减少滚动体之间的碰撞和磨损。

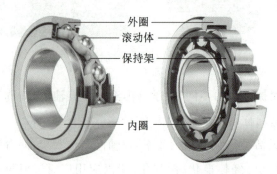

图 9-4　滚动轴承的结构

滚动体是形成滚动摩擦不可缺少的零件,它沿滚道滚动。为适应不同类型滚动轴承结构需要,滚动体有多种形式,常见的有球形、圆柱形、圆锥形、鼓形、滚针形等,如图9-5所示。

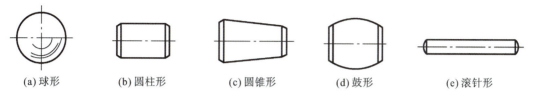

(a) 球形　　(b) 圆柱形　　(c) 圆锥形　　(d) 鼓形　　(e) 滚针形

图9-5　常见的滚动体形状

滚动轴承摩擦阻力小、机械效率高、运转精度高、结构紧凑、润滑方便,并且因尺寸标准化而具有较好的互换性,应用非常广泛。其缺点是抗冲击能力较差,高速重载工况下使用寿命较短,变速时或磨损后运转噪声和振动较大。

二、滚动轴承的类型

滚动轴承的类型很多。《滚动轴承　分类》(GB/T 271—2017)对滚动轴承的分类进行了详细的规定。

1. 根据承受载荷的方向分类

轴承径向平面(垂直于轴承轴心线的平面)与滚动体、外圈滚道接触点处法线之间的夹角称为**公称接触角**,简称**接触角**,用 α 表示,如图9-6所示。由于滚动轴承接触角的大小直接影响其承受不同方向载荷的能力,因此滚动轴承根据承受载荷方向的分类也可看作根据接触角大小的分类。

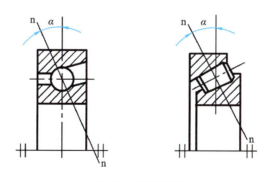

图9-6　公称接触角

根据接触角大小的不同,滚动轴承可分为向心轴承和推力轴承。

(1)向心轴承:接触角为 $0 \leqslant \alpha \leqslant 45°$。当 $\alpha = 0°$ 时,称为径向接触轴承;当 $0 < \alpha \leqslant 45°$ 时,称为角接触向心轴承(如角接触球轴承、圆锥滚子轴承等)。

(2)推力轴承:接触角为 $45° < \alpha \leqslant 90°$。当 $\alpha = 90°$ 时,称为轴向接触轴承(如推力球轴承等);

当 $45°<\alpha<90°$ 时，称为角接触推力轴承（如角接触推力滚子轴承等）。

2. 根据滚动体的种类分类

根据滚动体种类的不同，滚动轴承可分为球轴承和滚子轴承两大类。

（1）球轴承：滚动体为球体，它与内、外圈之间的接触为点接触，滚动时摩擦力小。因此球轴承的极限转速高，但容易磨损，承载能力小。

（2）滚子轴承：滚动体为滚子，它与内、外圈之间的接触为线接触，滚动时摩擦力大。因此滚子轴承的极限转速不高，但承载能力较强。根据滚子形状的不同，滚子轴承可分为圆柱滚子轴承、滚针轴承、圆锥滚子轴承、调心滚子轴承和长弧面滚子轴承等。

此外，根据能否调心，滚动轴承可分为调心轴承和非调心轴承；根据滚动体列数不同，滚动轴承可分为单列轴承、双列轴承和多列轴承；根据主要用途不同，滚动轴承可分为通用轴承和专用轴承。

滚动轴承的主要类型及特性如表 9-1 所示。

表 9-1 滚动轴承的主要类型及特性

类型名称	类型代号	简图	受载方向	极限转速	允许偏差角	主要特性及应用
深沟球轴承	6			极高	8′～16′	主要承受径向载荷，也可承受一定的双向轴向载荷；摩擦因数最小，适用于刚度较高和转速高的轴；当转速很高且轴向载荷不太大时，可替代推力轴承
双列深沟球轴承	4			高	2′	具有深沟球轴承的特性，比深沟球轴承的承载能力和刚度更好，可用于比深沟球轴承要求更高的场合
调心球轴承	1			中	2°～3°	主要承受径向载荷，也可承受较小的轴向载荷，调心性好，适用于刚度较低及对中性较差的轴
锁口在外圈的角接触球轴承	7			高	2′～10′	能同时承受径向载荷和轴向载荷；α 为 15°、25° 和 40°，轴向承载能力随 α 增大而增大；通常成对使用，适用于刚度较高、跨距较小的轴

续表

类型名称	类型代号	简图	受载方向	极限转速	允许偏差角	主要特性及应用
双列角接触球轴承	0			极高	2′~10′	能同时承受径向和双向轴向载荷,相当于一对角接触球轴承背对背安装
推力球轴承	5			低	不允许	套圈和滚动体是分离的,只能承受轴向载荷(单列单向,双列双向);高速时滚动体离心力较大,使用寿命较低,适用于轴向载荷较大、转速较低的场合
双向推力球轴承						
外圈无挡边圆柱滚子轴承	N			较高	2′~4′	能承受较大的径向载荷,但不能承受轴向载荷;承载能力大、耐冲击,适用于刚度较高、对中性较好的轴
圆锥滚子轴承	3			中	2′	通常成对使用,能同时承受较大的径向与轴向载荷,内、外圈可分离,游隙可调,装拆方便,适用于刚度较高的轴
调心滚子轴承	2			中	0.5°~2°	能承受较大的径向载荷和较小的轴向载荷,耐振动及冲击,能自动调心,加工要求高,常用于其他轴承无法满足要求的重载场合
推力圆柱滚子轴承	2			较高	不允许	能承受很大的单向轴向载荷,承载能力比推力球轴承大,适用于轴向载荷大且不需要调心的场合

注:极限转速是指滚动轴承在一定载荷和润滑条件下允许的最高转速,具体数值可参考相关手册。

三、滚动轴承的代号

为了规范滚动轴承的制造、使用和维护,《滚动轴承 代号方法》(GB/T 272—2017)对滚动轴承代号的构成及所表示的内容做了统一的规定。轴承代号一般印在轴承的端面上,以方便识别。

滚动轴承的代号由基本代号、前置代号和后置代号三部分组成,用字母和数字表示。其中,基本代号由类型代号、尺寸系列代号和内径代号组成,如表9-2所示;前置代号和后置代号都是基本代号的补充,只有在对滚动轴承的结构、现状、材料、公差等级、技术要求等有特殊要求时才使用。下面主要介绍滚动轴承的基本代号。

表9-2 滚动轴承的基本代号组成

基本代号			
类型代号	轴承系列		内径代号
	尺寸系列代号		
	宽度(或高度)系列代号	直径系列代号	

1. 类型代号

类型代号代表滚动轴承的类型,用数字或字母表示。常见滚动轴承的类型代号如表9-3所示。

表9-3 常见滚动轴承的类型代号

轴承类型	类型代号	轴承类型	类型代号
双列角接触球轴承	0	深沟球轴承	6
调心球轴承	1	角接触球轴承	7
调心滚子轴承和推力调心滚子轴承	2	推力圆柱滚子轴承	8
圆锥滚子轴承	3	圆锥滚子轴承	N
双列深沟球轴承	4	外球面球轴承	U
推力球轴承	5	四点接触球轴承	QJ

2. 尺寸系列代号

尺寸系列代号由两位数字组成,后一位数字为直径系列代号,前一位数字为宽度系列(向心轴承)或高度系列(推力轴承)代号。其中,直径系列代号表示结构和内径相同而外径和宽度不同的轴承系列,宽(高)度系列代号表示结构、内径和外径相同而宽(高)度不同的轴承系列。滚动轴承尺寸系列代号的含义如表9-4所示。

表 9-4 滚动轴承尺寸系列代号的含义

直径系列代号	向心轴承 宽度系列代号							推力轴承 高度系列代号			
	8	0	1	2	3	4	5	6	7	9	1	2
	尺寸系列代号										
7	—	—	17	—	37	—	—	—	—	—	—	—
8	—	08	18	28	38	48	58	68	—	—	—	—
9	—	09	19	29	39	49	59	69	—	—	—	—
0	—	00	10	20	30	40	50	60	70	90	10	—
1	—	01	11	21	31	41	51	61	71	91	11	—
2	82	02	12	22	32	42	52	62	72	92	12	22
3	83	03	13	23	33	—	—	73	93	13	23
4	—	04	—	24	—	—	—	74	94	14	24
5	—	—	—	—	—	—	—	—	95	—	—

注：在滚动轴承尺寸系列代号中，直径和宽（高）度代号并不代表具体的直径和宽（高）度数值。其中，直径系列代号不能省略；对于宽度系列代号，大多数窄系列代号 0 可以省略，但圆锥滚子轴承和调心滚子轴承的窄系列代号 0 不可省略。

3. 内径代号

内径代号表示滚动轴承的内径尺寸，用数字表示，其含义如表 9-5 所示。

表 9-5 滚动轴承部分内径代号的含义

轴承公称内径/mm		内径代号	示例
10～17	10	00	深沟球轴承 6200　$d=10$ mm
	12	01	调心球轴承 1201　$d=12$ mm
	15	02	圆柱滚子轴承 NU202　$d=15$ mm
	17	03	推力球轴承 51103　$d=17$ mm
20～480（22、28、32 除外）		公称内径除以 5 的商数，商数为个位数，需在商数左边加"0"，如 08	调心滚子轴承 22308　$d=40$ mm 圆柱滚子轴承 NU1096　$d=480$ mm
≥500 以及 22、28、32		用公称内径毫米数直接表示，但在与尺寸系列之间用"/"分开	调心滚子轴承 230/500　$d=500$ mm 深沟球轴承 62/22　$d=22$ mm

注：$d<10$ mm 的微型轴承内径代号未列出。

任务训练

说明以下轴承代号的含义：
(1)7320； (2)23218； (3)6206；
(4)62/22； (5)30303； (6)51312。

▶ 知识链接9.2　滚动轴承的应用

一、滚动轴承类型的选择

工程中选用滚动轴承类型时,应首先综合考虑滚动轴承所承受的载荷情况、转速、调心性能及其他要求,再参照各类滚动轴承的特点选择。

(1)根据承受的载荷情况选择：当载荷较大时,一般选用滚子轴承；当载荷较小时,一般选用球轴承。承受纯轴向载荷时,选用轴向接触轴承；承受纯径向载荷时,选用径向接触轴承；既有轴向(相对较小)又有径向载荷时,选用角接触向心轴承和深沟球轴承；当轴向载荷很大时,选用向心球轴承和推力轴承组合在一起的支承结构。

(2)根据转速选择：转速很高时,选用球轴承；转速极高时,选用高速滚动轴承。

(3)根据调心性能选择：当轴的中心线与轴承座中心线不重合而存在角度误差时,或轴因受力而弯曲或倾斜时,滚动轴承的内、外圈轴线会发生偏斜。这时,应采用具有一定调心性能的滚动轴承。

二、滚动轴承的固定方法

滚动轴承要正常工作,需要在其周向及轴向都有可靠的固定。周向固定主要依靠滚动轴承内圈与轴之间、外圈与机座孔之间的配合来保证；而轴向固定有多种方法,需要根据不同的情况来选择,如表9-6所示。

滚动轴承的固定方法

表 9-6 滚动轴承的轴向固定方法

固定方法	图示	特点及适用场合
采用止动环固定	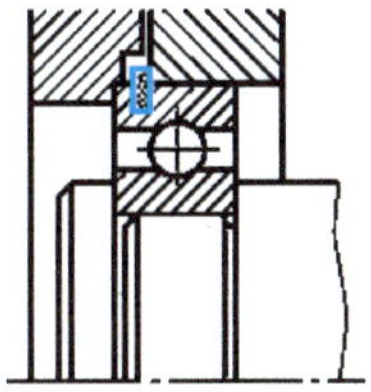	结构简单、固定可靠、轴向尺寸小,但不能承受较大的轴向载荷,适用于外圈带止动槽的推力轴承
采用轴承端盖固定	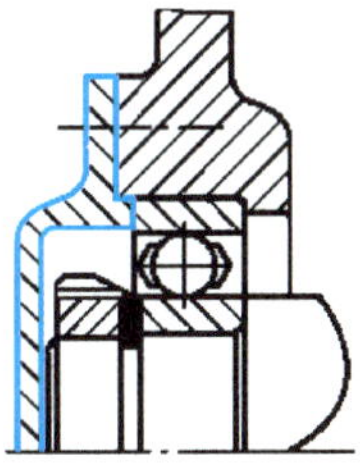	用于向心轴承和角接触推力轴承在轴端的固定,端盖可以做成各种形式。当端盖为通孔状时,还可带有各种密封装置,适用于高速、轴向载荷较大的场合
采用孔用弹性挡圈固定	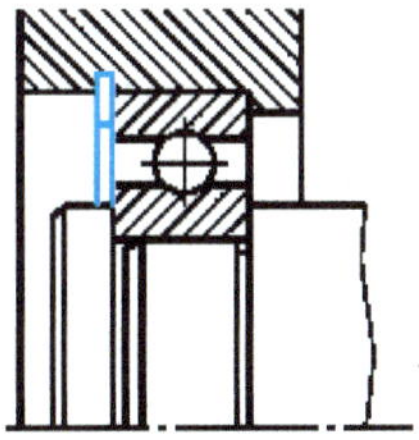	结构简单、装拆方便、轴向尺寸小,在轴承端面和挡圈之间加调整环还可调整轴承的轴向位置,补偿加工、装配误差,适用于转速不高、轴向载荷不大的场合
采用带螺纹的端盖固定	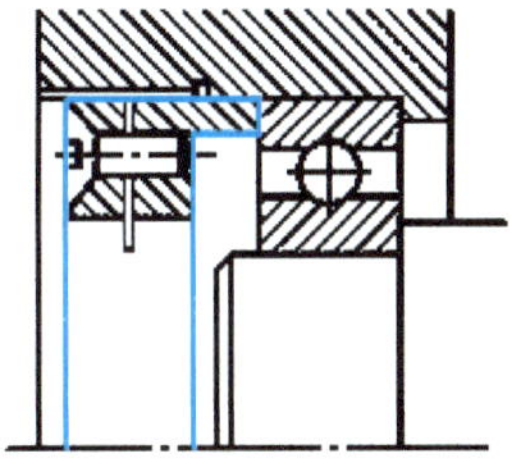	采用带螺纹的端盖固定时,可调节角接触推力轴承面对面排列的轴承游隙,但螺纹环应有防松措施,适用于转速高、轴向载荷较大的场合

三、滚动轴承的润滑

为了减少摩擦和磨损、延长使用寿命,滚动轴承在工作时需要进行充分合理的润滑。此外,润滑还具有冷却降温、吸收振动、防锈和降低噪声等作用。

润滑剂和润滑方式的选择通常用轴承内径 d 和转速 n 的乘积 dn 作为参考指标。常用的润滑剂有润滑脂和润滑油等。润滑脂的特点是不易流失、便于密封、油膜强度高、承载能力强,且不需要经常添加,适用于 dn 值较小的场合;润滑油的摩擦系数小,润滑可靠,同时可进行冷却散热,适用于 dn 值较大的场合。

滚动轴承润滑脂和润滑油的适用范围如表 9-7 所示。

表 9-7　滚动轴承润滑脂和润滑油的适用范围

滚动轴承类型	$dn/(\mathrm{mm \cdot r \cdot min^{-1}})$				
	润滑脂	润滑油			
		飞溅润滑	滴油润滑	喷油润滑	油雾润滑
深沟球轴承 角接触轴承 圆柱滚子轴承	1.6×10^5	2.5×10^5	4×10^5	6×10^5	$>6 \times 10^5$
圆锥滚子轴承	1.0×10^5	1.6×10^5	2.3×10^5	2.3×10^5	—
推力球轴承	4×10^4	0.6×10^5	1.2×10^5	1.5×10^5	—

四、滚动轴承的密封

为防止外部灰尘、水分和油污等杂质进入滚动轴承内部，并防止润滑剂的流失，需要对滚动轴承进行合理密封。滚动轴承的密封可分为接触式密封、非接触式密封和组合式密封等类型，通常根据滚动轴承的润滑类型、工作温度及密封表面的圆周速度等来选择。滚动轴承常用的密封如表 9-8 所示。

表 9-8　滚动轴承常用的密封

密封类型		图示	密封原理	适用场合
接触式密封	毛毡圈密封	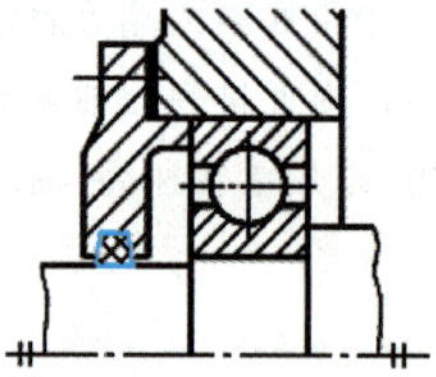	利用毛毡的弹性和吸油性，与轴颈紧密贴合而起到密封作用	可用于润滑油和润滑脂的密封，适用于轴颈圆周速度≤4 m/s、工作温度不超过 90℃ 的场合
	唇型密封圈密封	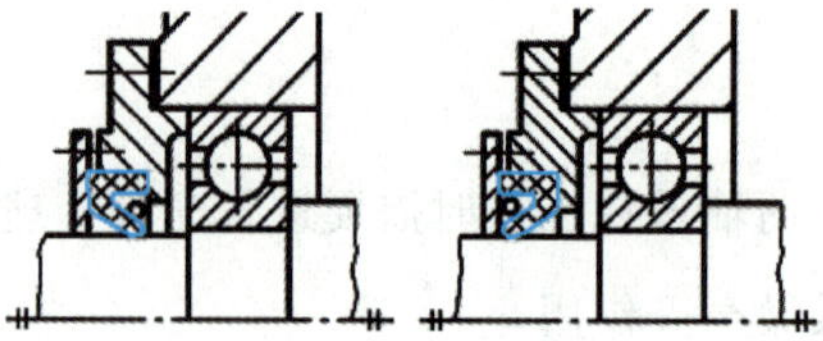	利用唇口与轴接触阻断泄漏间隙，以防止泄漏和灰尘、杂质侵入	可用于润滑油和润滑脂的密封，适用于轴颈圆周速度≤7 m/s、工作温度为 −40∼100℃ 的场合
非接触式密封	间隙式密封	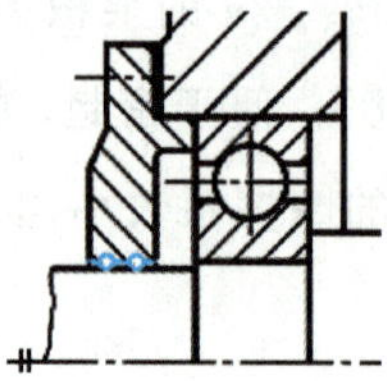	利用流体经过曲折通道多次节流产生的阻力，抑制流体的流失。间隙越小越长，密封效果越好	主要用于密封润滑脂和防尘，要求环境保持干燥、清洁

续表

密封类型		图示	密封原理	适用场合
非接触式密封	迷宫式密封	径向　　轴向	利用曲折的间隙进行密封,在间隙内充以润滑油或润滑脂以提高密封效果。分径向和轴向两种	用于密封润滑油和润滑脂,要求工作温度不高于密封用润滑脂滴点的场合,密封可靠
组合式密封			利用毛毡圈和迷宫式密封的优点,提高密封效果	用于密封润滑油和润滑脂,特别适合要求密封效果较好的场合

▶ 知识链接 9.3　滑动轴承的相关知识

一、滑动轴承的优点

滑动轴承具有很多优点:采用面接触,承载能力大;轴承工作面上的油膜有减振、缓冲和降噪的作用,工作平稳,噪声小;处于液体摩擦状态下轴承摩擦系数小、磨损轻微、寿命长;能在特殊工作条件下工作,如在水下、磨蚀介质或无润滑介质等恶劣条件下工作;可做成剖分式,便于安装。

二、滑动轴承的类型

滑动轴承类型很多,根据轴承所承受载荷的方向,滑动轴承可分为径向(向心)滑动轴承和推力(或止推)滑动轴承。其中径向滑动轴承用于承受与轴线垂直的径向力;推力滑动轴承主要用于承受与轴线平行的轴向力。

滑动轴承

1. 径向滑动轴承

径向滑动轴承工作时主要承受径向载荷,其结构形式有整体式和剖分式两种。

整体式径向滑动轴承主要由轴承座和轴瓦组成,如图 9-7 所示。其结构简单、制造成本低。但由于轴瓦在磨损后与轴颈间的间隙无法调整,必须重新更换,且装拆时轴或径向滑动轴承须轴向移动,非常不便,因此径向滑动轴承适用于轻载、低速且不需要经常装拆的场合。

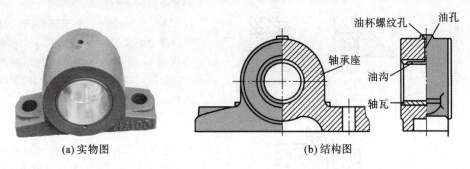

图 9-7 整体式径向滑动轴承

剖分式径向滑动轴承主要由轴承座、上轴瓦、下轴瓦、轴承盖和连接螺栓等组成,如图 9-8 所示。其中上、下两片半圆形轴瓦可组合成一个圆筒形轴瓦,连接螺栓将轴承盖和组合后的轴瓦紧固在轴承座上;轴承盖和轴承座的剖面部分加工成阶梯状,以避免两者之间发生相对错动,便于装配时对中。剖分式径向滑动轴承可在不移动轴的情况下更换轴瓦,还可用于支承挠度较大或多支点的长轴。

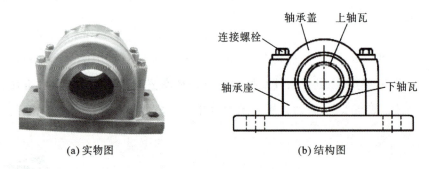

图 9-8 剖分式径向滑动轴承

2. 推力滑动轴承

推力滑动轴承可承受轴向载荷,它主要由轴承座、套筒、径向轴瓦和止推轴瓦等组成。推力滑动轴承可用轴的端面或轴肩作为止推面,常见的止推面有实心端面轴颈、空心端面轴颈、单环形端面轴颈和多环形端面轴颈四种,如图 9-9 所示。其中,以多环形端面轴颈为止推面的推力滑动轴承,能承受较大的双向轴向载荷。

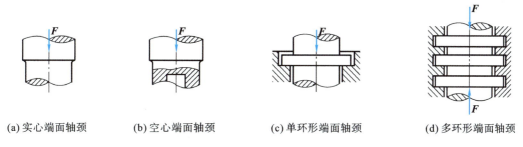

(a) 实心端面轴颈　　(b) 空心端面轴颈　　(c) 单环形端面轴颈　　(d) 多环形端面轴颈

图 9-9　推力滑动轴承的止推面

三、轴瓦的结构和滑动轴承材料

滑动轴承中轴瓦与轴直接接触并发生滑动摩擦，因此轴瓦的结构设计及选材对滑动轴承的工作效率、承载能力和使用寿命有着重要影响。

1. 轴瓦的结构

常用的轴瓦有整体式和剖分式等结构形式，如图 9-10 所示，它们分别应用于整体式径向滑动轴承和剖分式径向滑动轴承。对于重要的滑动轴承，还可采用轴承衬来提高轴瓦的承载能力、减少摩擦、节约贵重减磨材料。轴承衬是在轴瓦的内表面浇铸一层或多层很薄的减磨材料（如巴氏合金等）形成的，一般厚度 0.5~0.6 mm。

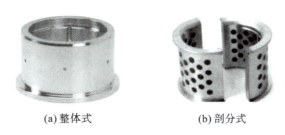

(a) 整体式　　　　(b) 剖分式

图 9-10　轴瓦

轴瓦工作时，需要向轴瓦工作表面注入足够的润滑剂。为了使润滑剂顺利地进入并布满整个轴瓦工作表面，轴瓦工作表面上通常开设油孔和油槽，它们的常见形式如图 9-11 所示。

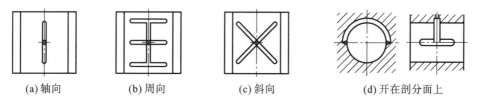

(a) 轴向　　(b) 周向　　(c) 斜向　　(d) 开在剖分面上

图 9-11　轴瓦工作表面上油孔和油槽的常见形式

值得注意的是,油孔和油槽一般应开在轴瓦的非承载区,否则会破坏承载区油膜的连续性,降低油膜的承载能力。同时,油槽不能贯通轴瓦,其轴向长度一般为轴瓦宽度的80%,以免润滑油从油槽端部大量流失。

2. 滑动轴承材料

通常将轴瓦和轴承衬的材料称为滑动轴承的轴承材料。轴瓦作为滑动轴承中的重要零件,其主要失效形式为磨损和胶合,有时也会出现疲劳破坏和刮伤等。根据上述失效形式,并结合滑动轴承的各种特点,可知轴承材料应具有以下特性:良好的减摩性和耐磨性、足够的强度和塑性、良好的导热性和抗腐蚀性、优异的抗胶合性。

滑动轴承常用轴承材料的特性及应用场合如表9-9所示。

表9-9 滑动轴承常用轴承材料的特性及应用场合

名称	特性	应用场合
轴承合金	又称巴氏合金,具有良好的减摩性,熔点低,工作温度低于150 ℃,机械强度较低,但价格较高,通常作为轴承衬贴附在软钢、铸铁或青铜材料的轴瓦上	锡基轴承合金适用于高速、重载工作条件下的滑动轴承;铅基轴承合金适用于中速、中载、无显著冲击工作条件下的滑动轴承
青铜	铜与锡、铅、铝的合金,强度、导热性、耐磨性和承载能力都优于轴承合金,且价格低于轴承合金,但可塑性较差,不易跑合	适用于低速、重载工作条件下的滑动轴承
粉末冶金材料	内含较多孔隙,其中充满润滑油,具有良好的自润滑性,故又称含油轴承;耐磨性好,强度低,容易制造,但韧性较差	适用于低速、轻载及不方便添加润滑油的滑动轴承
轴承塑料	具有自润滑性,减摩性好、抗冲击能力强、塑性好,但导热性差、线性膨胀系数大	适用于用水润滑的滑动轴承,如水压机等

四、滑动轴承使用中润滑剂的选择

滑动轴承工作时需要进行充分的润滑,其目的是减小摩擦和磨损,同时兼具冷却、吸振和降噪等功能。因此,为了保证滑动轴承的正常工作,延长其使用寿命,必须合理使用润滑剂。

根据物理状态的不同,滑动轴承常用的润滑剂分为液体润滑剂(主要为润滑油)、半液体润滑剂(润滑脂)、固体润滑剂和气体润滑剂等。其中,最常用的是润滑油和润滑脂。

1. 润滑油的选择

在为滑动轴承选择润滑油时,主要依据的是润滑油的黏度。润滑油黏度的大小不仅直接影响摩擦副的运动阻力,而且对流体润滑油膜的形成及承载能力有决定性作用。

润滑油可按轴承压强、滑动速度和工作温度选择(具体可参考有关手册),其一般原则是:滑动轴承在低速、重载、工作温度高的场合时,应选黏度较高的润滑油,反之应选黏度较低的润滑油。

2. 润滑脂的选择

润滑脂主要用于工作要求不高、难以经常供油的滑动轴承的润滑。在为滑动轴承选择润滑脂时,主要考虑其针入度和滴点。

滑动轴承润滑脂选择的一般原则如下:

(1)轻载高速时选择针入度较大的润滑脂,反之选择针入度较小的润滑脂;

(2)所选润滑脂的滴点一般应比滑动轴承的工作温度高出 25 ℃;

(3)在有水淋或潮湿的环境下,应选择抗水性好的钙基润滑脂或锂基润滑脂;

(4)工作温度较高时,应选择耐热性好的钠基润滑脂或锂基润滑脂。

项目实施

项目名称	轴　　承	日期	
项目知识点总结	本项目以汽车发动机曲轴联动机构中用到的轴承为学习载体,主要学习轴承的相关基础知识,包括各种的轴承结构、类型、应用特点等内容。通过本项目的学习,能够掌握滚动轴承使用的相关知识与技能,会分析常用滚动轴承结构,测量并确定滚动轴承代号,了解滚动轴承使用特点及应用场合;能够掌握滑动轴承使用的相关知识与技能,了解滑动轴承使用特点和应用场合。为学习后续有关知识、解决工程问题打好基础。		
项目实施	步骤一:(1)认识滑动轴承(图9-12),分析汽车发动机曲轴联动机构中哪些地方使用了滑动轴承。 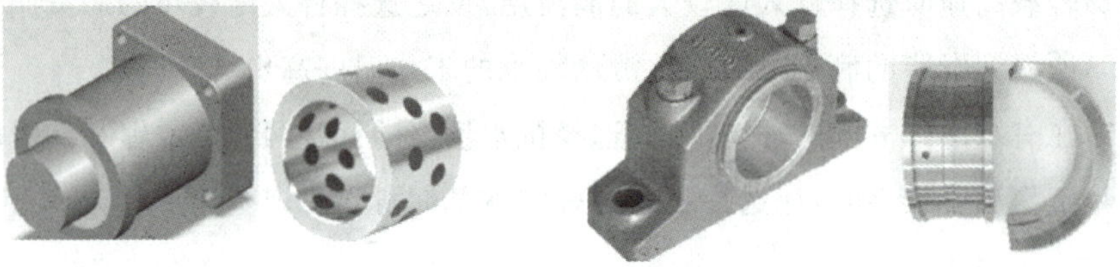 (a) 整体式径向滑动轴承和整体式轴瓦　　(b) 剖分式径向滑动轴承和剖分式轴瓦 图9-12　滑动轴承和轴瓦 (2)认识滚动轴承(图9-13),分析汽车发动机曲轴联动机构中哪些地方使用了滚动轴承。  深沟球轴承　双列调心滚子轴承　推力滚子轴承　角接触球轴承　滚针轴承 图9-13　滚动轴承 汽车发动机曲轴联动机构中使用的轴承如图9-14所示。 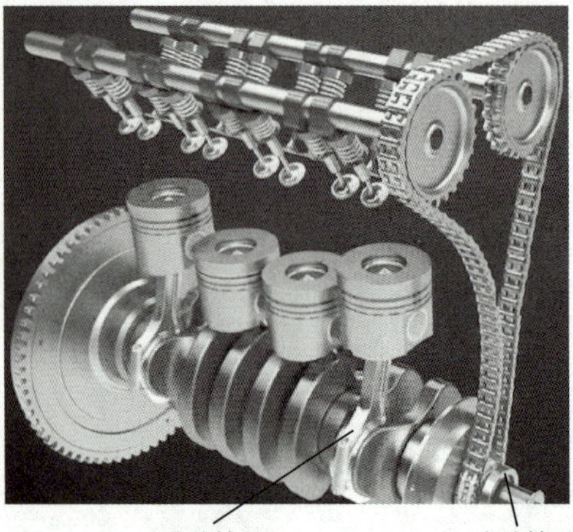 滑动轴承　　滚动轴承 图9-14　汽车发动机曲轴联动机构中的轴承		

汽车发动机曲轴箱中使用的轴承如图9-15和图9-16所示。

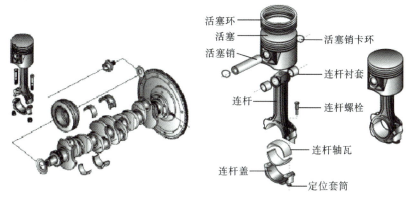

图 9-15　汽车发动机曲轴箱中的滑动轴承

汽车发动机曲轴轴承

图 9-16　汽车发动机曲轴箱中的滚动轴承

步骤二：查看汽车曲轴联动机构中主轴与缸体所用轴承代号（见图9-17）。

以学习滚动轴承代号国家标准为载体，主要学习滚动轴承的基本代号。基本代号是滚动轴承代号的基础，它由类型代号、尺寸系列代号和内径代号构成，分别用来表示轴承的基本类型、结构和尺寸。要确定滚动轴承的基本代号，应首先掌握基本代号的组成及含义。

图 9-17　有代号标记的滚动轴承

项目实施	步骤三：配备本任务需要的用具，包括滚动轴承、游标卡尺和机械手册。 （1）确定滚动轴承的类型代号：观察滚动轴承内、外圈的结构以及滚动体的形状，确定其类型代号。 （2）确定滚动轴承的内径代号：测量出滚动轴承的内径尺寸，确定其内径代号。 （3）确定滚动轴承的基本代号：测量出滚动轴承的外径和宽度尺寸。根据轴承类型和内径代号在机械手册中找出相应的滚动轴承规格表，对照外径和宽度尺寸，在表中找出该轴承的基本代号。
	步骤四：分析说明滚动轴承代号的含义。 例如，滚动轴承6206。"6"为轴承类型代号，代表深沟球轴承；"2"为尺寸系列代号，表示宽度系列代号0（省略），直径系列代号2；"06"为内径代号，表示滚动轴承的公称内径$d=5 \times 6=30(\text{mm})$。
	步骤五：通过查阅机械手册，完成滚动轴承标准件相关规定及应用特点的学习，深刻认识理解国标，执行国标。 工程技术人员应该严格按照国家标准进行设计与使用，这也是减少或杜绝生产安全事故的基本条件。常言道"没有规矩，不成方圆"，要通过国标的学习，养成严格遵守规则与标准的职业习惯。

项目拓展训练

项目名称	轴承		日期	
组长：	班级：		小组成员：	
项目知识点总结				
任务描述	测量滚动轴承的尺寸，并查阅机械手册来确定下列各滚动轴承的基本代号，解释轴承代号的含义。然后填写任务工单。  滚动轴承 　　深沟球轴承 　　双列调心滚子轴承  推力滚子轴承 　　角接触球轴承 　　滚针轴承			
任务分析				
任务实施步骤及结论				
遇到的问题及解决办法				

项目评价

以 5～6 人为一组,选出组长并进行任务分工,各组组长展示任务完成情况,并完成考核评价表。

考核评价表

评价项目		评价标准	满分	小组打分	教师打分
专业能力	基础掌握	能通过查看及对照机械手册,准确确定滚动轴承的基本代号	20		
	操作技能	能熟练地使用游标卡尺测量轴承的内径、深度、高度等	15		
	分析计算	通过查看并对照机械手册,能解释轴承代号的含义,并对该轴承的应用有一定认识	25		
素质能力	参与程度	认真参加活动,积极思考,主动与同学、老师进行交流,善于发现和解决问题	20		
	合作意识	积极参与探讨,勇于接受任务,敢于承担责任	10		
	规矩意识	严格遵守国标规范与标准	10		
总分			100		

项目巩固训练

一、填空题

1. 轴承的功用是_____。
2. 按轴承工作时运动元件摩擦性质的不同,轴承分为_____和_____两类。
3. 根据接触角大小的不同,滚动轴承可分为_____和_____轴承。
4. 根据滚动体种类不同,滚动轴承可分为_____和_____两类。
5. 滚动轴承的代号由基本代号、_____和_____三部分组成。其中基本代号又由_____、_____和_____三部分组成。
6. 根据承受载荷方向不同,滑动轴承可分为_____和_____两类。
7. 轴瓦作为滑动轴承中的重要零件,其主要失效形式是_____和_____,有时也会出现_____和_____等。

二、判断题

1. 滚动摩擦轴承的摩擦阻力较小,机械效率较高,润滑和维修方便,但径向尺寸较大,在中、低速以及精度要求较高的场合得到广泛应用。(　　)
2. 向心滚动轴承只能承受径向载荷。(　　)
3. 轴承都有轴瓦。(　　)

三、简答题

1. 在工程中一般是如何选择滚动轴承的?

2. 滚动轴承的轴向固定方法有哪些?

3.简单说明滚动轴承的主要结构和使用特点。

4.简单说明滑动轴承的主要结构和使用特点。

5.说出下列滚动轴承代号的含义:
    (1)6204;   (2)7308C;   (3)30205;   (4)N2312;
    (5)60310/P6x; (6)30310;   (7)62/22;   (8)71320AC。

项目 10　连　接

项目目标

【知识目标】

1. 掌握螺纹连接的类型、特点和应用；
2. 了解螺旋传动的类型、特点和应用；
3. 掌握键连接和销连接的类型、特点和应用；
4. 了解焊接、铆接、胶接和过盈配合连接的特点和应用。

【能力目标】

1. 掌握螺纹的类型及应用场合；
2. 能够正确选用螺纹连接和普通键连接。

【素养目标】

1. 通过规范的理论知识学习，养成执行标准、遵守规范操作的习惯；
2. 通过对螺纹参数的学习，提升遵守标准规范的职业意识和学以致用的职业素养。

项目描述

自开始制造工具时起，人类就在用各种方法解决连接方面的问题，例如用植物的藤和茎把锋利的石片和木柄连接起来制作成石斧。随着人类生产的进步和科技的发展，更多的连接方法相继出现，并得到了持续优化和改进。现在工程中常用的连接有螺纹连接、键连接、销连接、焊接、铆接等。

如图 10-1 所示，单级圆柱齿轮减速器中各零部件是如何连接的？这些连接方法在应用中有什么不同？

图 10 - 1 单级圆柱齿轮减速器上的连接

项目分析

齿轮减速器是一种封闭在箱体内的由齿轮系传动机构组成的减速传动装置,常安装在机器的动力部分与执行部分之间。为便于其内部零部件的拆装,减速器的壳体通常采用剖分结构,如图 10 - 1 所示。齿轮减速器的上下壳体之间,传动轴与齿轮、轴承之间,以及减速器与动力部分、执行部分之间,都采用了不同形式的连接。各种连接具有不同的特点,适用于不同的场合。

本项目以一级圆柱齿轮减速器为载体,通过分析减速器各构件之间的连接方式来分析构件之间的连接方法,并通过学习连接的相关知识,引申掌握连接的相关应用。为达成本项目学习目标,需要完成如下学习任务:

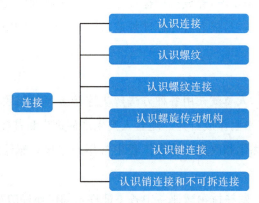

知识链接 10.1 认识连接

在生活中,任何机械设备及设施都要通过一定的连接方式将各种零部件连接起来。生活中你所见过的连接有哪些?

由于使用、制造、装配、维修及运输等原因,机器中有相当多的零件需要彼此连接。所谓连接,就是指被连接件与连接件的组合结构。起连接作用的零件,如螺栓、螺母、键及铆钉等,称为连接件;需要连接起来的零件,如齿轮、箱盖与箱体等,称为被连接件。有些连接没有连接件,如成形连接等。

连接分为可拆连接和不可拆连接。可拆连接在连接拆开时不会损坏连接件和被连接件,如螺纹连接、键连接、花键连接、成形连接和销连接等;不可拆连接在连接拆开时会损坏连接件或被连接件,如铆接、焊接、胶接和过盈配合连接等。机械连接还可分为动连接和静连接。在机器工作时,被连接零件间可以有相对运动的称为动连接,如各种运动副、变速器中滑移齿轮的连接等;反之称为静连接,如各种机器设备箱体与箱盖的连接。

▶ 知识链接 10.2 认识螺纹

一、螺纹的形成

将一倾斜角为 φ 的直线旋绕在圆柱体上可形成一条螺旋线,如图 10-2 所示,沿着螺旋线加工出具有相同平面图形的连续凸起或沟槽便可形成螺纹。

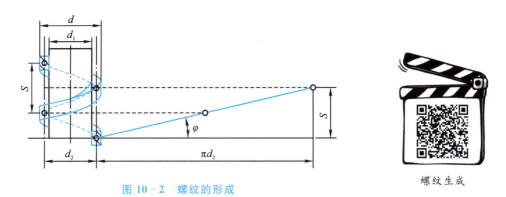

图 10-2 螺纹的形成

螺纹生成

二、螺纹的主要参数

1. 螺纹牙型角 α

螺纹在其轴线平面的轮廓称为螺纹的牙型。在螺纹轴线的断面上相邻两牙侧面间的夹角称为牙型角 α。形成螺纹的平面图形形状不同,螺纹的牙型不同。据此,螺纹可分为三角形螺纹、矩形螺纹、梯形螺纹和锯齿形螺纹等,如图 10-3 所示。其中,三角形螺纹主要应用于螺纹连接,而矩形螺纹、梯形螺纹及锯齿形螺纹主要应用于螺旋传动。

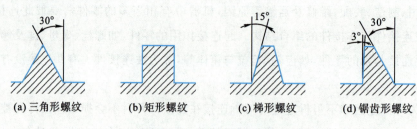

图 10－3 不同牙型的螺纹

具有不同螺纹牙型角 α 螺纹的螺纹有不同的用途，如表 10－1 所示。

表 10－1 常用螺纹的特点及应用

类型		牙型图	特点及应用
用于连接	三角形螺纹 · 普通螺纹	（内螺纹 60° 外螺纹）	牙型角 α＝60°，牙根较厚，牙根强度较高。同一公称直径，按螺距大小分为粗牙和细牙。一般情况下多用粗牙，而细牙用于薄壁零件或受动载的连接，还可用于微调机构的调整
	三角形螺纹 · 英制螺纹	（内螺纹 55° 外螺纹）	牙型角 α＝55°，尺寸单位是 in（英寸）。螺距以每 in 长度内的牙数表示，也有粗牙、细牙之分。多在修配英、美等国家的机件时使用
	三角形螺纹 · 管螺纹	（内螺纹 55° 外螺纹 管子）	牙型角 α＝55°，公称直径近似为管子内径，以 in 为单位。是一种螺纹深度较浅的特殊英制细牙螺纹，多用于压力小于 1.57 MPa 的管子连接
用于传动	矩形螺纹	（内螺纹 外螺纹）	牙型为正方形，牙厚为螺距的一半，牙根强度较低，尚未标准化。传动效率高，但精确制造困难。可用于传动
	梯形螺纹	（内螺纹 30° 外螺纹）	牙型角 α＝30°，效率比矩形螺纹低，但工艺性好，牙根强度高，广泛用于传动
	锯齿形螺纹	（内螺纹 30° 外螺纹）	工作面的牙型斜角为 3°，非工作面的牙型斜角为 30°，综合了矩形螺纹效率高和梯形螺纹牙根强度高的特点，但只能用于单向受力的传动

2. 内螺纹和外螺纹

在圆柱外表面形成的螺纹称为**外螺纹**，外螺纹的尺寸符号用小写字母来表示；在圆孔的内表面形成的螺纹称为**内螺纹**，内螺纹的尺寸符号用大写字母来表示，如图10-4所示。

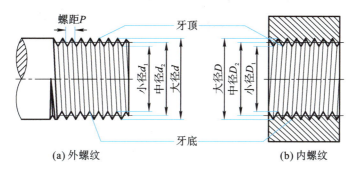

(a) 外螺纹　　　　　　　　　(b) 内螺纹

图 10-4　内、外螺纹

3. 螺纹直径

螺纹直径有大径、中径、小径之分，如图10-4所示。

大径（公称直径）是螺纹牙型上最大的直径，即与外螺纹牙顶或内螺纹牙底相重合的假想圆柱面的直径。内、外螺纹的大径分别用 D 和 d 表示。

小径是螺纹牙型上最小直径，即与外螺纹牙底或内螺纹牙顶相重合的假想圆柱面的直径。内、外螺纹的小径分别用 D_1 和 d_1 表示。

在大径与小径圆柱面之间有一假想圆柱，该圆柱的母线被牙型的沟槽和凸起截得的宽度相等，此假想圆柱称为中径圆柱，其直径称为**中径**。内、外螺纹的中径分别用 D_2 和 d_2 表示。

内螺纹的小径 D_1 和外螺纹的大径 d 统称为顶径，内螺纹的大径 D 和外螺纹的小径 d_1 统称为底径。

4. 螺距 P、导程 S、线数 n

在螺纹两相邻牙体上，相对应牙侧与中径线两交点之间的距离称为**螺距**，用 P 表示。

同一条螺旋线上相邻两牙在中径线上对应两点之间的距离称为**导程**，用 S 表示。

形成螺纹的螺旋线的条数称为**线数**，用 n 表示。

如图10-5所示，单线螺纹的导程 S 等于螺距 P，而对于多线螺纹，其导程 S 等于螺距 P 与线数 n 的乘积，即

$$S = nP$$

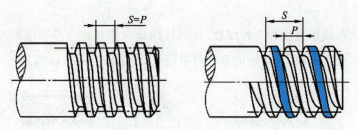

图 10-5　螺距、导程和线数的关系

5. 螺纹升角 φ

在中径圆柱上螺旋线的切线与垂直于螺纹轴线的平面之间的夹角称为**螺纹升角**，用 φ 表示，如图 10-2 所示。

螺纹升角 φ 与导程 S、中径 d_2 的关系如下：

$$\tan\varphi = \frac{S}{\pi d_2} \tag{10-1}$$

6. 旋向

螺纹分右旋和左旋两种，如图 10-6 所示。沿轴线方向看，顺时针旋转时旋入的螺纹称为右旋螺纹，逆时针旋转时旋入的螺纹称为左旋螺纹。判断螺纹旋向时，也可将螺杆垂直放置，若螺旋线左低右高，则为右旋螺纹；反之，若左高右低，则为左旋螺纹。

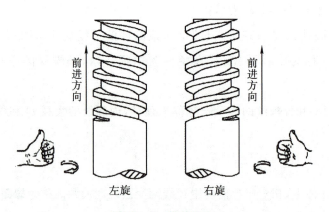

图 10-6　螺纹旋向

螺纹的公称直径（大径）、牙型、螺距（或导程）、线数和旋向称为螺纹的五要素，它们确定了螺纹的结构和尺寸。实际中内、外螺纹总是成对使用的，内外螺纹配合时，两者的五要素必须相同，才能正常旋合。

三、螺纹的类型

螺纹的类型如图 10-7 所示。

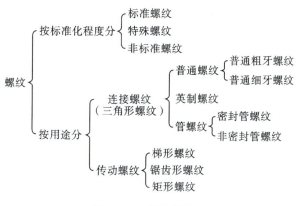

图 10-7　螺纹的类型

1. 按标准化程度分类

按其参数的标准化程度,螺纹分为标准螺纹、特殊螺纹和非标准螺纹。其中,牙型、公称直径和螺距三个要素(称为螺纹三要素)均符合国家标准的螺纹称为标准螺纹,只有牙型符合国家标准的螺纹称为特殊螺纹,牙型不符合国家标准的螺纹称为非标准螺纹。

2. 按用途分类

螺纹按用途不同可分为连接螺纹(也称三角形螺纹,包括普通螺纹、管螺纹和英制螺纹等)和传动螺纹(包括矩形螺纹、梯形螺纹和锯齿形螺纹等),前者用于连接,后者用于传递动力和运动。

知识链接 10.3　认识螺纹连接

图 10-1 所示减速器上的螺纹连接件,如何用不同形式的螺纹连接?

螺纹连接由螺纹连接件和被连接件组成,具有机构简单、连接可靠、装卸方便和成本低廉等特点,是机械中广泛应用的可拆连接。

机械中用于连接的螺纹大多为单线、右旋的三角形螺纹,通常分为普通螺纹和管螺纹两种,其特征代号及标记如表 10-2 所示。

表 10-2 常用螺纹的种类和标记示例

螺纹种类		特征代号	标记示例	说明
连接螺纹	普通螺纹	M	粗牙 M20-6g	粗牙普通螺纹,公称直径为 20 mm,右旋;螺纹中、大径公差带代号均为 6g;中等旋合长度
			细牙 M16×1.5-6H-L	细牙普通螺纹,公称直径为 16 mm,螺距为 1.5 mm,右旋;螺纹中、大径公差带代号均为 6H;长旋合长度
	管螺纹	G	55°非密封管螺纹 G1A	55°非密封圆柱内螺纹,尺寸代号为 1,公差等级为 A 级,右旋
		Rp Rc R$_1$ R$_2$	55°密封管螺纹 Rc1/2	55°密封圆锥内螺纹,尺寸代号为 1/2,右旋。注意:圆柱内螺纹代号为 Rp,圆锥内螺纹代号为 Rc,R$_1$ 和 R$_2$ 分别表示与圆柱和圆锥配合的圆锥外螺纹代号
传动螺纹	梯形螺纹	Tr	Tr40×14(P7)LH-8e-L	梯形螺纹,公称直径为 40 mm;导程为 14 mm,螺距为 7 mm,中径公差带代号为 8e,长旋合长度的双线左旋梯形外螺纹
	锯齿形螺纹	B	B32×6-7e	锯齿形螺纹,公称直径为 32 mm,单线螺纹,螺距为 6 mm,右旋;中径公差带代号为 7e,中等旋合长度

1. 普通螺纹

普通螺纹多用于紧固连接，其基本参数由《普通螺纹 基本尺寸》(GB/T 196—2003)规定。同一种公称直径的普通螺纹可以有多种螺距，其中螺距最大的为粗牙普通螺纹，其余为细牙普通螺纹。如 M12 规格的普通螺纹，其公称直径为 12 mm，螺距可以选 1 mm、1.25 mm、1.5 mm 和 1.75 mm，其中螺距 1.75 mm 对应的螺纹为粗牙普通螺纹，其他螺距对应的为细牙螺纹。粗牙普通螺纹广泛应用于各种连接。细牙普通螺纹对比同规格的粗牙螺纹，其螺纹升角小、自锁性好，常用于薄壁零件和需要自锁或承受振动冲击的场合，如轴上零件固定的圆螺母即为细牙螺纹。

在图样上，螺纹需要用规定的螺纹代号进行标记。普通螺纹的特性代号为 M，如标记为 M24×1.5－LH 的螺纹表示公称直径为 24 mm、螺距为 1.5 mm、旋向为左旋的细牙普通螺纹。对于粗牙普通螺纹，其螺纹代号可省略螺距项。

2. 管螺纹

管螺纹主要用于管件的连接，常用的管螺纹有公制管螺纹、牙型角为 55°的管螺纹（又称英制管螺纹）和牙型角为 60°的管螺纹（又称美制管螺纹）等。

根据应用范围不同，管螺纹可分为密封管螺纹和非密封管螺纹两种。其中密封管螺纹具有连接和密封两种功能，而非密封管螺纹只有连接功能。密封管螺纹在使用中要在螺纹副内加入密封材料，比较经济，加工精度要求适中；非密封管螺纹在使用时无需加入任何密封材料，完全依靠螺纹自身形成密封，属于精密螺纹，常用于有特殊要求的场合。

螺纹连接的基本类型

3. 螺纹连接的基本类型

常用螺纹连接的主要类型有螺栓连接、双头螺柱连接、螺钉连接和紧定螺钉连接等，它们的结构、特点及应用如表 10-3 所示。

表 10-3　螺纹连接的基本类型

类型	结构	特点及应用
螺栓连接	普通螺栓连接　铰制孔用螺栓连接	普通螺栓连接的螺杆和孔之间存在间隙，使用时需拧紧螺母，杆和孔的加工精度要求低且装卸方便，应用广泛；铰制孔用螺栓连接对孔的加工精度要求较高，适用于承受横向载荷或需要精确固定的场合

续表

类型	结构	特点及应用
螺钉连接		结构简单,不需要螺母,直接将螺钉旋入被连接件体内的螺纹孔中,但不宜经常装拆,适用于受力不大或不经常装拆的场合
双头螺柱连接		螺柱一端旋入被连接件中不再卸下,适用于被连接件之一太厚、不便穿孔并经常装拆的场合,拆卸时只需拧下螺母
紧定螺钉连接		利用螺钉末端顶住零件表面或顶入对应的凹坑中以固定两个零件的相对位置,并传递一定大小的力和转矩,常用于调整零件位置并加以固定

4. 螺纹连接件

螺纹连接件的类型很多,机械中常用的有螺栓、双头螺柱、螺钉、螺母和垫圈等,如图 10-8 所示。螺纹连接件大多已经标准化,可根据有关国家标准选用。

图 10-8 常用的螺纹连接件

5. 螺纹连接的预紧

在工程中,大部分螺纹连接在装配过程中需要拧紧,使螺纹连接在承受载荷前预先受到力的作用,这个过程称为预紧,螺纹连接预先受到的力称为预紧力。预紧的目的在于保证螺纹连接件的正常工作,提高螺纹连接的可靠性、紧密性和防松能力。

预紧时需要控制预紧力的大小,预紧力过大容易造成螺纹失效,过小则达不到预紧的效果。在工程中,预紧力的大小一般根据载荷性质、连接刚度等具体工作条件确定;对于某些重要的螺纹连接,其预紧力的大小则需要通过测力矩扳手或定力矩扳手(见图10-9)进行严格控制。

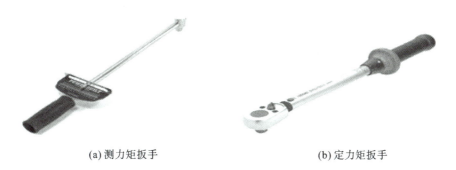

(a) 测力矩扳手　　　　　　　(b) 定力矩扳手

图 10 - 9　测力矩扳手和定力矩扳手

6. 螺纹连接件的防松装置

常用螺纹连接件的螺纹升角都比较小,一般能满足自锁条件,且螺母与螺栓头部的支撑面处的摩擦也能起到防松作用,故在静载荷的作用下,螺纹连接不会自动脱落。但在冲击、振动或变载荷的作用下,或当温度变化很大时,螺纹副间的摩擦力可能减小或瞬时消失。这种现象多次重复,螺纹连接就会松开,影响连接的牢固和紧密,甚至引起严重事故。因此在设计螺纹连接时,必须考虑防松措施。

防松的根本问题是防止螺母与螺栓间的相对转动。防松方法很多,常用的有摩擦防松、机械防松和永久防松等。

1) 摩擦防松

摩擦防松常用的方法有采用弹簧垫圈防松、采用自锁螺母防松和采用对顶螺母防松等,如图 10 - 10 所示。

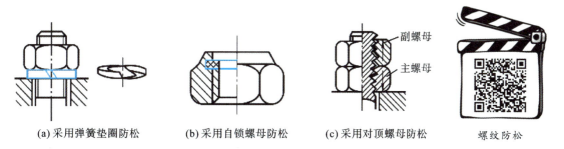

(a) 采用弹簧垫圈防松　　(b) 采用自锁螺母防松　　(c) 采用对顶螺母防松　　螺纹防松

图 10 - 10　摩擦防松的常用方法

(1)采用弹簧垫圈防松。弹簧垫圈的材料为弹簧钢,装配后垫圈被压平,其弹力使螺纹间保持压紧力和摩擦力,如图10-10(a)所示。这种方法结构简单、使用方便,但防松效果差,一般用于不重要的连接中。

(2)采用自锁螺母防松。将螺母一端制成非圆形收口或开缝后径向收口,当螺母拧紧后,收口张开,利用收口的弹力压紧螺纹,如图10-10(b)所示。其结构简单、防松可靠,可多次装拆而不降低防松性能。

(3)采用对顶螺母防松,也称双螺母防松。利用两螺母的对顶作用使螺栓始终受到附加的拉力和摩擦力,如图10-10(c)所示。这种方法结构简单、效果好,适用于平稳、低速和重载的连接。

2)机械防松

机械防松常用的方法有采用开槽螺母与开口销防松、采用止动垫片防松和采用串联钢丝防松等,如图10-11所示。

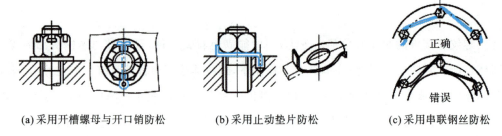

(a)采用开槽螺母与开口销防松　　(b)采用止动垫片防松　　(c)采用串联钢丝防松

图10-11　机械防松的常用方法

(1)采用槽形螺母与开口销防松。槽形螺母拧紧后,用开口销穿过尾部的小孔和螺母的槽,再将销的尾部分开,使螺母锁紧在螺栓上,如图10-11(a)所示。适用于有较大冲击、振动的高速机械中的连接。

(2)采用止动垫片防松。将垫圈套入螺栓,并使其下弯的外舌放入被连接件的小槽中,再拧紧螺母,最后将垫圈的另一边向上弯,使之贴紧螺母,如图10-11(b)所示。其结构简单、使用方便、防松可靠。

(3)采用串联钢丝防松。用低碳钢丝穿入各螺钉头部的孔内,将各螺钉串联起来,使其相互约束,使用时必须注意钢丝的穿入方向,如图10-11(c)所示。适用于螺钉组连接,其防松可靠,但拆装不便。

3)永久防松

螺纹连接的永久防松用于装配连接后不可拆开的场合,其常用的方法有冲点、点焊和胶接,如图10-12所示。

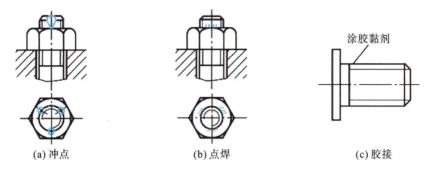

图 10-12 永久防松的常用方法

知识链接 10.4 认识螺旋传动机构

图 10-13 所示的普通车床,车床上的手摇进给机构中使用的螺纹与我们经常用的连接螺纹有什么不同?

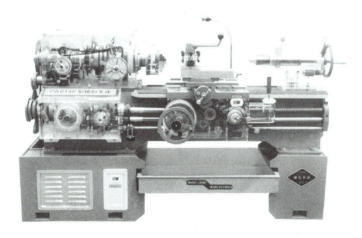

图 10-13 普通车床

一、螺旋传动机构的类型

螺旋传动机构在各种机械和仪器中广泛使用。螺旋传动机构主要由螺杆、螺母组成,可将旋转运动转变为直线移动。它能将较小的回转力矩转变成较大的轴向力,能达到较高的传动精度,并且工作平稳、易于自锁。但由于摩擦损失大,螺旋机构传动效率低,一般不用来传递大的功率。机械中用于传动的螺纹主要有矩形螺纹、梯形螺纹和锯齿形螺纹,如表10-1所示。

1. 按螺旋副摩擦性质分类

按螺旋传动机构中螺旋副的摩擦性质分,常见的有滑动螺旋传动机构、滚动螺旋传动机构和静压螺旋传动机构等。

滑动螺旋传动机构的螺旋副做相对运动时产生滑动摩擦;滚动螺旋传动机构的螺旋副做相对运动时产生滚动摩擦;静压螺旋传动机构将静压原理应用于螺旋传动中。

2. 按用途分类

常见不同用途的螺旋传动机构有传力螺旋机构、传动螺旋机构和调整螺旋机构等。

传力螺旋机构以传递动力为主,一般要求用较小的转矩转动螺杆(或螺母)而使螺母(或螺杆)产生轴向运动和较大的轴向推力,例如螺旋千斤顶、虎钳等,如图10-14、图10-15所示。这种传力螺旋主要承受很大的轴向力,通常为间歇性工作,每次工作时间较短,工作速度不高,而且需要自锁。

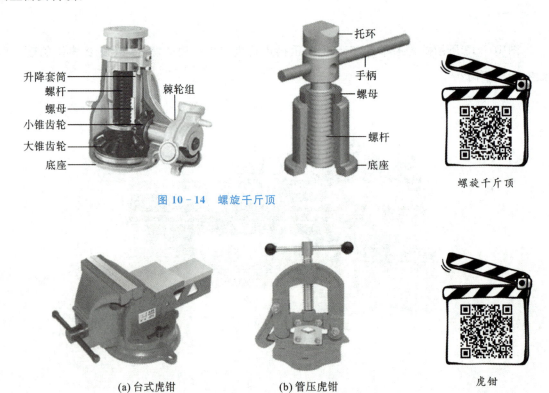

图10-14 螺旋千斤顶

(a) 台式虎钳　　(b) 管压虎钳

图10-15 虎钳

传动螺旋机构以传递运动为主,要求能在较长的时间内连续工作,工作速度较高,因此要求较高的传动精度,如精密车床的走刀螺杆。

调整螺旋机构主要用于调整并固定零部件之间的相对位置,它不经常转动,一般在空载下调整,要求有可靠的自锁性能和精度,用于测量仪器及各种机械的调整装置,如千分尺中的螺旋。

二、滑动螺旋机构

滑动螺旋结构比较简单,螺母和螺杆的啮合是连续的,工作平稳,易于自锁,这对起重设备、调节装置等很有意义。但其螺纹之间摩擦大、磨损大、效率低(一般为 0.25~0.70,自锁时效率小于 50%),不适宜用于高速和大功率传动。滑动螺旋机构按其螺旋副数目不同,分为单螺旋机构和双螺旋机构。

1. 单螺旋机构

单螺旋传动机构的机构组成中只有一处使用螺旋副,常用的有两种形式:

(1)螺旋副中螺杆既转动又移动,螺母固定。如图 10-16 所示的螺旋千斤顶和图 10-17 所示的螺旋压力机都是这种形式。

图 10-16　螺旋千斤顶

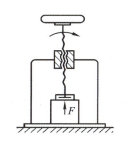
图 10-17　螺旋压力机

这种形式的单螺旋机构中,当螺杆沿图示方向转过角 φ 时,螺杆同时沿轴向移动距离 L,

$$L = 导程 \times 圈数 = S \times \frac{\varphi}{2\pi} \tag{10-2}$$

螺杆位移的方向,按螺纹的旋向,用左(右)手定则确定。握住螺杆,右旋螺纹用右手,左旋螺纹用左手,四指握向代表螺杆转动方向,拇指指向代表螺杆移动方向。

(2)螺旋副中螺杆转动,螺母移动。如图 10-18 所示的机床刀具进给机构就是这种形式。

此种形式的单螺旋机构中,当螺杆 1 沿图示方向转过角 φ 时,螺母 2 同时相对螺杆沿轴向移动距离 L。

可以利用式(10-2)计算螺母 2 位移 L 的大小。

螺母 2 移动的方向仍用左(右)手定则确定。握住螺杆,右旋螺纹用右手,左旋螺纹用左手,四指握向代表螺杆转动方向,根据此时螺杆与螺母的相对运动关系,可知大拇指指向的反方向为螺母2的位移方向。

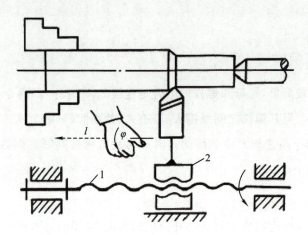

图 10-18　机床刀具进给机构

2. 双螺旋机构

在双螺旋机构中有一个具有两段不同螺纹的螺杆与两个螺母组成的两个螺旋副。通常将两个螺母中的一个固定,另一个移动(只能移动不能转动),并以转动的螺杆为主动件,如图 10-19 所示。

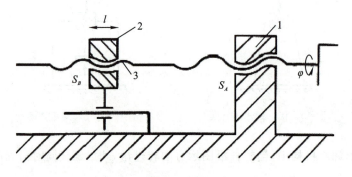

图 10-19　双螺旋机构

设螺杆 3 上螺母 1、2 两处螺纹的导程分别为 S_A、S_B,依据两螺旋副的旋向,双螺旋机构可形成两种传动形式。

1) 差动螺旋机构(微调机构)

当两螺旋副中螺纹旋向相同时,形成差动螺旋机构。假设两处螺纹均为右旋,且 $S_A > S_B$。当螺杆转动一周时,螺母 1 固定不动,螺杆将右移 S_A,同时带动螺母 2 右移 S_A;但对于可移动的螺母 2,由于螺杆的移动将使其相对螺杆左移 S_B,则螺母 2 的绝对位移为右移 $S_A - S_B$。因此,当螺杆转过 φ 时,螺母 2 相对机架的位移为

$$L = (S_A - S_B) \times \frac{\varphi}{2\pi} \tag{10-3}$$

由式(10-3)可知,当这两螺旋副的导程 S_A 和 S_B 相差很小时,位移 L 也很小。利用这一特性,可将差动滑动螺旋传动广泛应用于各种微动装置中,如螺旋测微计、分度机构、精密机械进给机构及精密加工刀具等。图 10-20 所示为应用差动螺旋机构的微调镗刀。

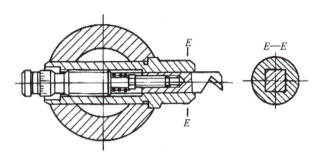

图 10-20 微调镗刀

2) 复式螺旋机构(快进机构)

当两段螺纹的螺旋方向相反时,该机构为复式螺旋传动。同理可知,复式螺旋机构中,螺母 2 相对机架的位移为

$$L = (S_A + S_B) \times \frac{\varphi}{2\pi} \tag{10-4}$$

复式螺旋机构中的螺母能获得较大的位移,它能使被连接的两构件快速接近或分开。复式螺旋传动常用于要求快速夹紧的夹具或锁紧装置中,也称倍速机构,例如钢索的拉紧装置、某些螺旋式夹具等。图 10-21 所示的铣床夹具就是复式螺旋机构的一种应用。

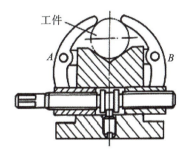

图 10-21 铣床夹具

三、滚动螺旋机构

滑动螺旋传动虽有很多优点,但传动精度不够高,低速或微调时可能出现运动不稳定现象,不能满足某些机械的工作要求。因此,在数控机床、汽车等许多机械中采用滚动螺旋机构,如图

10-22 所示。滚动螺旋的螺杆和螺母上都制有螺旋滚道,滚道内充满滚珠,在螺母(或螺杆)上有滚珠返回通道,与螺旋滚道形成封闭的循环通路。螺杆与螺母通过滚珠沿螺旋滚道滚动而发生相对运动,这样就将螺旋副的滑动摩擦转变为滚动摩擦,提高了螺旋传动的效率和运转的平稳性。但滚动螺旋机构结构复杂,不能自锁,制造困难,成本高。

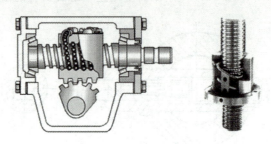

图 10-22 滚动螺旋传动

四、静压螺旋传动

静压螺旋传动的工作原理如图 10-23 所示,压力油通过节流阀由内螺纹牙侧面的油腔进入螺纹副的间隙,然后经回油孔(虚线所示)返回油箱。当螺杆不受力时,螺杆的螺纹牙位于螺母螺纹牙的中间位置,处于平衡状态。此时,螺杆螺纹牙的两侧间隙相等,经螺纹牙两侧流出的油的流量相等,因此油腔压力也相等。

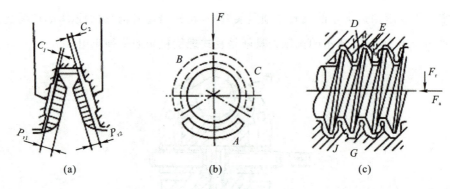

图 10-23 静压螺旋传动的工作原理

当螺杆受轴向力 F_a 作用而向左移动时,如图 10-23(c)所示,间隙 C_1 减小、C_2 增大,如图 10-23(a)所示。由于节流阀的作用使牙左侧的压力大于右侧,因此产生一个与 F_a 大小相等、方向相反的平衡反力,从而使螺杆重新处于平衡状态。

当螺杆受径向力 F' 作用而下移时,如图 10-23(b)所示,油腔 A 侧隙减小,B、C 侧隙增大。由于节流阀作用使 A 侧油压增高,B、C 侧油压降低,因此产生一个与 F' 大小相等、方向相反的平衡反力,从而使螺杆重新处于平衡状态。

当螺杆一端受一径向力 F_r 的作用形成一倾覆力矩时,如图 10-23(c)所示,螺纹副的 E 和 J 侧隙减小,D 和 C 侧隙增大。同理,由于两处油压的变化产生一个平衡力矩,使螺杆处于平衡状态,因此螺旋副能承受轴向力、径向力和径向力产生的力矩。

静压螺旋摩擦阻力小、传动效率高(可达 90% 以上),但结构复杂、需要供油系统,适用于要求高精度、高效率的重要传动中,如数控机床、精密机床、测试装置或采用自动控制系统的螺旋传动中。

◉ 知识链接 10.5　认识键连接

在机械设备中,经常见到轴上的带轮、齿轮等零件与轴一起转动。有哪些方法可以将轴和轴上零件连接在一起,令其一起转动?

键连接如图 10-24 所示,主要应用于传动轴上,可实现轴与轮毂(如带轮、齿轮和链轮等)的周向固定,用以传递运动和转矩。键连接结构简单、装拆方便、工作可靠,有的键连接还兼有轴上零件的轴向固定或轴向滑动导向的作用。

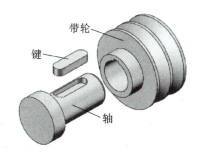

图 10-24　键连接

键是标准件。键连接可以分为两类:松键连接和紧键连接。松键连接包括平键连接、半圆键连接、花键连接等;紧键连接包括楔键连接和切向键连接。键连接的类型如图 10-25 所示。

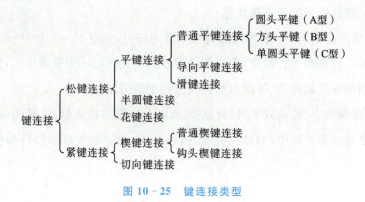

图 10-25 键连接类型

一、松键连接

1. 平键连接

平键连接的两侧面为工作面。键的上表面与轮毂键槽底面有间隙，工作时依靠键的两侧面与轴及轮毂上键槽侧面的挤压来传递运动和转矩。平键连接结构简单、装拆方便、对中性好，但不能承受轴向载荷。

1）普通平键连接

如图 10-26 所示，键的两个侧面为工作面，工作时依靠键与键槽的挤压传递运动和转矩。

根据形状的不同，普通平键可分为圆头平键（A 型）、平头平键（B 型）和单圆头平键（C 型）三种，如图 10-21(b)、(c)、(d)所示。其中，圆头平键在键槽中固定良好，工程上常用，但轴上键槽端部的应力集中较大；平头平键可避免圆头平键的缺点，但当其尺寸较大时通常需要螺钉固定；单圆头平键多用于轴端连接。

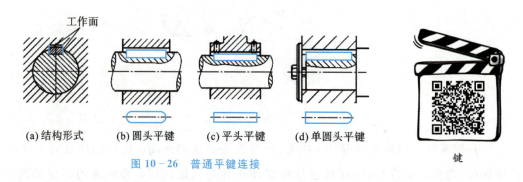

图 10-26 普通平键连接

在选择普通平键时，首先要根据工作要求选择合适的类型，然后根据连接处的轴径 d 从国家标准中选取对应的键宽 b 和键高 h，再根据轮毂宽度在标准长度系列中选择合适的键长 L。注意，L 应比轮毂的宽度略小。

普通平键连接对中性好、结构简单、装拆方便，适用于高精度、高速，或承受变载、冲击的场合,应用非常广泛。但由于不能承受轴向力,因此普通平键连接不能实现轮毂的轴向固定。

2)导向平键连接和滑键连接

当被连接的轮毂在工作中必须相对于轴做轴向移动时(动连接),应采用导向平键连接或滑键连接。

导向平键是一种较长的键,要用螺钉固定在轴槽中,为了便于拆装,在键上制有起键螺钉孔,如图10-27所示。键与轮毂采用间隙配合,轮毂可沿键做轴向移动,常用于变速器中滑移齿轮与轴的连接。

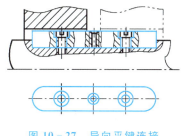

图10-27 导向平键连接　　　　　　导向平键连接

当轴上滑移距离较大时,导向平键尺寸过长,制造困难,可采用滑键,如图10-28所示。滑键固定在轮毂上,轮毂带动滑键在轴上的键槽内做轴向滑动,因而在轴上需加工长的键槽。

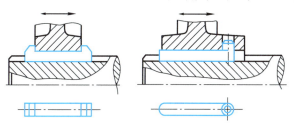 

图10-28 滑键连接　　　　　　滑键连接

2. 半圆键连接

如图10-29所示,半圆键两侧面为半圆形。键在轴槽中能绕其几何中心摆动,以适应轮毂键槽底面的方向。在工作时,也是靠半圆键的两侧面挤压传递运动和转矩,轴与轮毂的同心度好。但轴上的键槽开得较深,对轴的强度削弱较大,常用于锥形轴端连接。

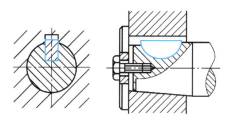

图10-29 半圆键连接

3. 花键连接

在轴上加工出多个键齿称为花键轴(外花键)，在轮毂孔上加工出多个键槽称为花键孔(内花键)，二者组成的连接称为花键连接，如图10-30所示。

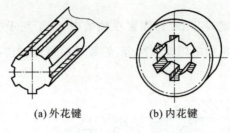

(a) 外花键　　　(b) 内花键

图 10-30　花键连接

花键齿的侧面为工作面，靠轴与轮毂的齿侧面的挤压传递转矩。因为是多键传递载荷，所以它比平键连接的承载能力高。花键连接对中性和导向性好，且由于键槽浅，齿根应力集中小，对轴的强度削弱小，一般用于定心精度要求高和载荷大的连接，如汽车、飞机和机床等。但花键连接的制造需要使用专门的设备，成本高。

二、紧键连接

1. 楔键连接

楔键连接用于静连接，如图10-31所示。楔键的上表面和与它配合的轮毂槽底面均有1∶100的斜度。装配后，键的上、下表面与毂和轴上键槽的底面压紧，因此键的上下表面为工作面，键的两侧面与键槽留有间隙。工作时，靠键楔紧的摩擦力来传递转矩，同时还能承受单向轴向载荷。

根据结构的不同，楔键连接可分为普通楔键连接和钩头楔键连接，如图10-31(b)和图10-31(c)所示。

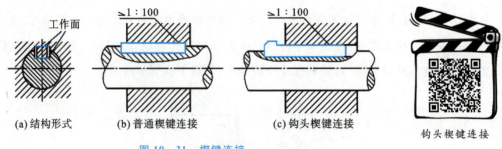

(a) 结构形式　　(b) 普通楔键连接　　(c) 钩头楔键连接

钩头楔键连接

图 10-31　楔键连接

由于楔键在装配时会产生偏心，降低了定心精度，因此楔键连接适用于低速、轻载及旋转精度要求不高的场合。

2. 切向键连接

切向键由一对普通楔键组成,如图10-32(a)所示。装配后两键的斜面相互贴合,共同楔紧在轴与轮毂之间,键的上下两平行窄面为工作面,依靠其与轴和轮毂的挤压传递单向转矩,如图10-32(b)所示。当要传递双向转矩时,须用两对120°~130°的切向键,如图10-32(c)所示。

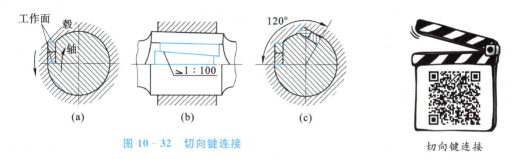

图 10-32 切向键连接

切向键连接

切向键连接适用于载荷很大、对中精度要求不高的场合。由于切向键连接的键槽对轴的强度影响较大,因此切向键连接多用于直径大于100 mm的轴上。

知识链接 10.6 认识销连接和不可拆连接

图10-2所示减速器结构中,有没有销连接?其作用是什么?不可拆连接指的是哪些连接?

一、销连接

销连接在工程上应用较为广泛。销连接可以用来固定零件间的相互位置,称为**定位销**,如图10-33(a)所示;也可以用来传递运动或较小的转矩,称为**连接销**,如图10-33(b)所示;还可以用在过载保护装置中,称为**安全销**,如图10-33(c)所示。

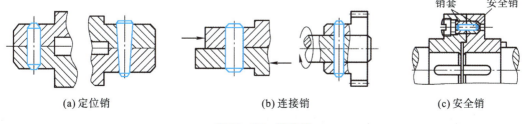

图 10-33 销连接

销为标准件,其材料一般为 35、45 钢。按销的形状不同,可分为圆柱销、圆锥销、开口销、异形销等,如图 10-34 所示。

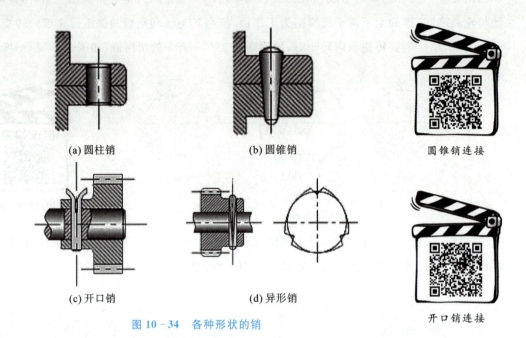

图 10-34　各种形状的销

圆柱销利用微量过盈固定在铰制孔中,多次拆装后定位精度和连接紧固性会下降。圆锥销具有 1∶50 的锥度,其小头直径为标准值,如图 10-35 所示。圆锥销安装方便,且多次装拆对定位精度影响不大,应用广泛。为防止销安装后松落,圆锥销尾端可以制成开口的,上端也可以做成带内、外螺纹的。

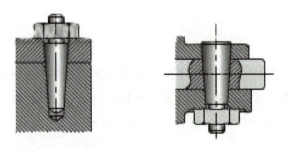

图 10-35　圆锥销的连接

开口销常用低碳钢制成,是一种防松零件。

二、不可拆连接

不可拆连接是指当连接拆开时,至少要破坏或损伤其中一个零件的连接。常见的不可拆连接包括铆接、焊接、胶接和过盈配合连接等。

(1)铆接:利用铆钉把两个或两个以上的零件连接在一起的不可拆连接。铆接可使构件增加质量、降低强度、发生变形,并影响疲劳强度。但由于其工艺过程容易实现自动化,适用材料广泛,因此在航空、汽车、家电、建筑、五金等行业有着广泛的应用。

(2)焊接:利用局部加热(有时还要加压)的方法,使两个或两个以上的金属零件在连接处形成原子间结合的不可拆连接。焊接具有结构质量轻、施工方便、生产效率高和成本低等优点,因而在机械加工及设备制造等领域具有广泛的应用。

(3)胶接:将胶黏剂直接涂在被连接件的表面上,胶黏剂固化后将被连接件粘合为一体的连接方式。胶接具有良好的密封、降噪和防腐性能,目前广泛应用于钢铁及其他金属材料的连接中。

(4)过盈配合连接:借助轴和轮毂孔之间的过盈配合将它们组合在一起的连接。过盈配合连接结构简单、对中性好、连接强度高,常用于机车车轮的轮箍与轮心、蜗轮和齿轮的齿圈与轮心的连接等。

项目实施

项目名称	连 接	日期	
项目知识点总结	本项目以一级圆柱齿轮减速器所使用的连接为学习载体，主要学习了螺纹连接、键连接、销连接的相关基础知识。通过本项目的学习，能够掌握连接件相关知识与技能，会分析一级圆柱齿轮减速器螺纹连接、键连接、销连接等连接的类型、组成及工作特性；能够使用机械手册，查找国标连接件的型号、类型；能够合理应用工具，顺利拆卸、安装简单机械设备，具备一定动手能力。为学习后续有关知识、解决工程问题打好基础。		
项目实施	步骤一：(1)认识常用螺纹连接形式(图10-36)：螺栓连接、双头螺柱连接、螺钉连接和紧定螺钉连接。 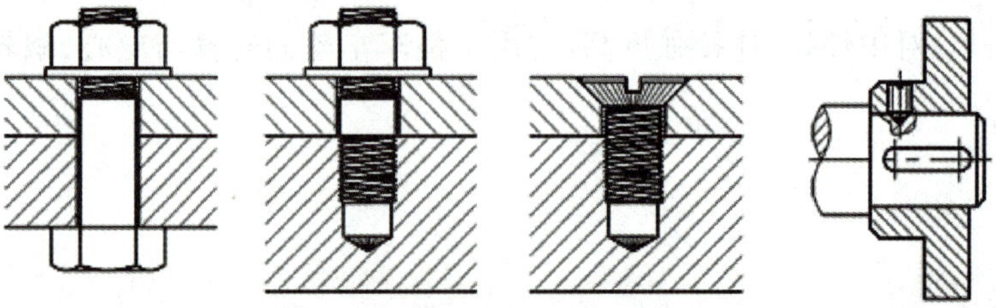 (a) 螺栓连接　(b) 双头螺柱连接　(c) 螺钉连接　(d) 紧定螺钉连接 图 10-36　螺纹连接的基本类型 (2)认识普通平键连接(图10-26)：圆头平键(A型)、平头平键(B型)和单圆头平键(C型)。 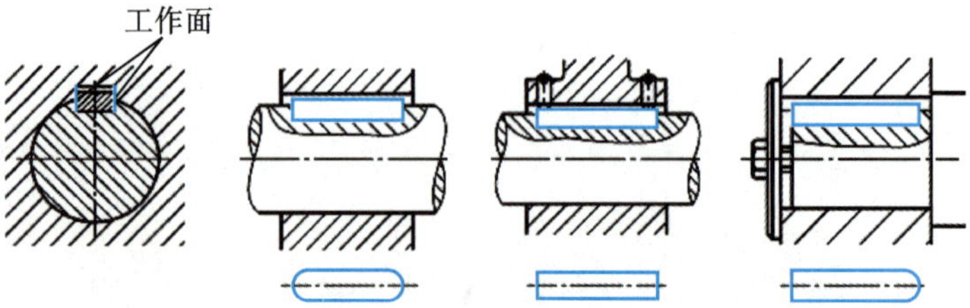 (a) 结构形式　(b) 圆头平键　(c) 平头平键　(d) 单圆头平键 图 10-26　普通平键连接 (3)认识销连接(图10-33)：定位销、连接销和安全销。 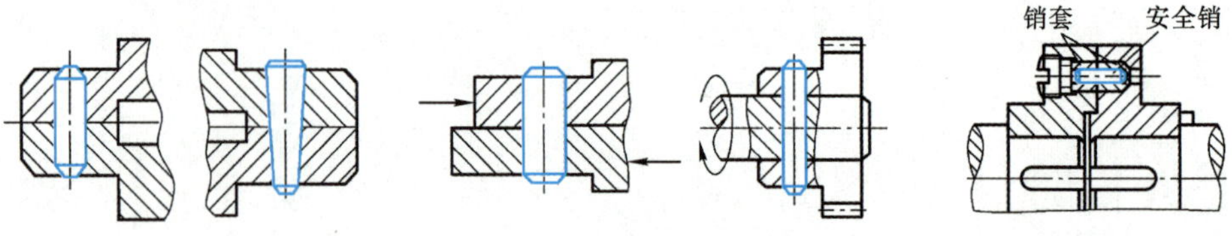 (a) 定位销　(b) 连接销　(c) 安全销 图 10-33　销连接		

|项目实施|(4)图 10-37 所示的单级圆柱齿轮减速器各零部件间的连接,包括螺栓连接、螺钉连接、键连接、销连接等。

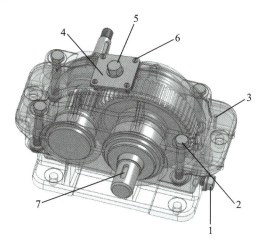

1—放油螺钉;2—螺栓;3—定位销;4—透视孔盖;
5—通气螺栓;6—螺钉;7—平键。

图 10-37 单级圆柱齿轮减速器的连接件

单级圆柱齿轮
减速器的拆卸

步骤二:本项目需要配备的用具包括一级齿轮减速器、扳手、起子等机械常用拆装工具及机械手册。
　　(1)观察并分析减速器上、下箱体的连接方法,查阅资料确定连接件的类型及型号。
　　(2)观察并分析减速器传动轴与齿轮、轴承的连接方法,查阅资料确定连接件的类型及型号。
　　(3)观察并分析减速器与动力部分、执行部分的连接方法,查阅资料确定连接件的类型及特点。

步骤三:分析连接件代号的含义(查机械手册)。
　　示例 1　螺纹规格为 M20、公称长度为 100 mm、性能等级为 8.8 的六角头螺栓:
　　　　　　六角头螺栓 GB/T 9125.2 M20×100 8.8
　　示例 2　螺纹规格为 M16、公称长度为 100 mm、材料牌号为 35CrMoA 的全螺纹螺柱:
　　　　　　全螺纹螺柱 GB/T 9125.2 M16×100 35CrMoA
　　示例 3　公称直径 $d_0=4$ mm,长度 $L=30$ mm 的开口销:
　　　　　　销 GB/T 91—2000 4×30
　　示例 4　圆头普通平键(A 型),$b=16$ mm、$h=10$ mm、$L=100$ mm:
　　　　　　键 16×100 GB/T 1096—2003

步骤四:通过查阅机械手册,完成连接标准件相关规定及应用特点的学习,深刻认识理解国标,执行国标。
　　标准化程度高、行业通用性强的机械零部件和元件,也被称为通用件。广义的标准件包括紧固件、连接件、传动件、密封件、液压元件、气动元件、轴承、弹簧等,都有相应的国家标准,跨行业通用性强。标准件的使用可简化零件的制作过程,又能实现通用通换,方便产品的维修和保养,延长产品的使用寿命。工程技术人员应该严格按照国家标准进行设计与使用,这也是减少或杜绝生产安全事故的基本条件。
　　常言道"没有规矩,不成方圆",要通过国标的学习,养成严格遵守规则与标准的职业习惯。|

项目拓展训练

项目名称		连 接		日期	
组长：		班级：		小组成员：	
项目知识点总结					
任务描述	观察图 10-38 所示减速器的结构组成，分析减速器中所采用的连接方法。  图 10-38 减速器				
任务分析	(1) 观察并分析减速器上、下箱体的连接方法，确定连接件的类型及型号。 (2) 观察并分析减速器传动轴与齿轮、轴承的连接方法，确定连接件的类型及型号。 (3) 观察并分析减速器与动力部分、执行部分的连接方法，确定连接件的类型及特点。				
任务实施步骤					
遇到的问题及解决办法					

项目评价

以 5~6 人为一组,选出组长并进行任务分工,各组员合作对减速器中所采用的连接方法进行分析,并做好记录。最后组长负责展示任务完成情况,并完成考核评价表。

考核评价表

评价项目		评价标准	满分	小组打分	教师打分
专业能力	基础掌握	能准确理解掌握常用连接的方法、特点及应用	20		
	操作技能	能顺利拆装减速器,对各部件之间的可拆连接能熟练地进行拆和装。操作过程有序,手法规范	15		
	分析计算	能准确说明减速器连接各部件之间的连接方法	25		
素质能力	参与程度	认真参加活动,积极思考,主动与同学、老师进行交流,善于发现和解决问题	20		
	合作意识	积极参与探讨,勇于接受任务,敢于承担责任	10		
	辩证意识	"没有规矩,不成方圆",能严格遵守国标规范与标准	10		
总分			100		

项目巩固训练

一、判断题

1. 普通细牙螺纹与粗牙螺纹相比,其小径小而螺距大,所以强度更高、自锁性更好,但细牙易磨损和滑牙。(   )
2. 螺纹传动任何情况下均能自锁。(   )
3. 螺纹的公称直径为中径。(   )
4. 平键是靠键的上下两面与键的摩擦力来传递载荷的。(   )
5. 螺母和弹簧垫圈是依靠摩擦力的防松装置。(   )
6. 连接螺纹大多数是多线的梯形螺纹。(   )
7. 细牙螺纹比粗牙螺纹在连接上用得更多。(   )
8. 带斜度的键,其斜面就是工作面。(   )
9. 键连接的功用是轴上零件实现周向固定且传递运动或传递转矩。(   )
10. 胶接、焊接、粘接和过盈配合为不可拆连接。(   )

二、选择题

1. (   )不能作为螺栓连接的优点。

   A. 连接可靠

   B. 在变载荷下也具有很高的疲劳强度和可靠的连接

   C. 构造简单、装拆方便

   D. 多数零件已标准化,生产率高,成本低廉

2. 用于连接的螺纹牙形为三角形,这是因为其(   )。

   A. 螺纹强度高

   B. 传动效率高

   C. 防振性能好

   D. 螺纹副的摩擦属于楔面摩擦,摩擦力大,自锁性好

3. 相同公称直径的普通细牙螺纹和粗牙螺纹相比,因细牙螺纹的螺距小、内径大,故细牙螺纹(   )。

   A. 自锁性好,强度低   B. 自锁性好,强度高

   C. 自锁性差,强度高   D. 自锁性差,强度低

4. 用于薄壁零件连接的螺纹,应采用(   )。

   A. 普通细牙螺纹   B. 梯形螺纹

   C. 锯齿螺纹   D. 多线的三角粗牙螺纹

5. 如图 10-39 所示的三种螺纹连接,从左到右依次为(　　)连接。

A. 螺栓、螺柱、螺钉　　　B. 螺钉、螺柱、螺栓　　　C. 螺柱、螺钉、螺栓

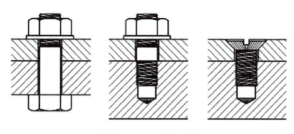

图 10-39　题 5 图

6. 采用螺纹连接时,若被连接件总厚度较大,且材料较软、强度较低,在需要经常拆装的情况下,一般宜采用(　　)。

A. 螺栓连接　　　　　　　B. 双头螺柱连接

C. 螺钉连接　　　　　　　D. 紧定螺钉连接

7. 螺纹副中一个零件相对于另一个零件转过一周时,它们沿轴线方向相对移动的距离是(　　)。

A. 线数×螺距　　　　　　B. 一个螺距

C. 线数×导程　　　　　　D. 导程/线数

8. 键连接的主要作用是使轴与轮毂之间(　　)。

A. 沿轴向固定并传递轴向力　　B. 沿轴向可做相对滑动并具有导向作用

C. 沿周向固定并传递扭矩　　　D. 安装与拆卸方便

9. 紧键连接和松键连接的主要区别在于,紧键连接后,键与键槽间就存在有(　　)。

A. 压紧力　　　B. 轴向力　　　C. 摩擦力　　　D. 周向力

10. 能构成紧键连接的两种键是(　　)。

A. 楔键和半圆键　　　　　B. 平键和切向键

C. 半圆键和切向键　　　　D. 楔键和切向键

11. 楔键连接的缺点是(　　)。

A. 键的斜面加工困难　　　B. 键装入键槽后,在轮毂中产生应力

C. 键安装时易损坏　　　　D. 轴和轴上零件的对中性差

三、简答题

1. 螺纹的五要素是什么?

2.螺纹的类型有哪些？

3.螺纹连接的基本类型有哪些？

4.螺纹连接常用的防松方法有哪些？它们各适用于哪些场合？

5.键连接主要作用是什么？

6.键连接的类型有哪些？

7.销连接按其用途可分为哪几种？

8.销的基本形式有哪些？

9.螺旋传动有哪几种基本类型？它们各用在什么场合？

10.按运动形式,螺旋传动可分为哪几种类型？

四、计算题

1. 图 10-40 所示为螺旋传动机构,其中 1 为机架、2 为螺杆、3 为滑块(螺母)。A 处螺旋副为左旋,导程 $S_A=5$ mm;B 处螺旋副为右旋,导程 $S_B=6$ mm;C 处为移动副。当螺杆沿箭头所示方向旋转 2 圈时,求滑块 3 移动的距离 L 的大小及滑块移动的方向。

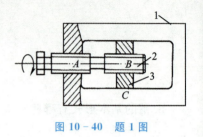

图 10-40 题 1 图

2. 图 10-41 所示为机身微调支承机构。当旋转旋钮 1 时,螺杆 2 就上下移动,以调整机身 3。若按图示方向旋转 1/4 圈,则支承点就会调低 1 mm。试确定 A、B 螺旋副螺纹的旋向及导程 S_A、S_B 的差值($S_A > S_B$)。

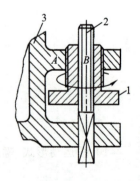

图 10-41 题 2 图